U0047906

世界第一簡單

材料力學

マンガでわかる材料力学

末益博志、長嶋利夫◎著
謝承翰◎譯
國立台灣大學工程科學及海洋工程系所　林輝政　教授◎審訂
円茂竹縄◎作畫
Office sawa◎製作

【暢銷改訂版】

E

σ

ε

前言

　　國高中時期所學習的物理知識，大致分屬兩個領域，一個是「記憶」、「理解」領域，另一個是「思考」領域。我們一直都運用這兩個領域來學習相關知識，但是卻往往只著重在考試成績，忘記物理知識的學習是未來工作的基石。考試成績並不能代表實力，但是努力準備考試對往後的發展一定會有所助益。大學能讓你在原有的知識基礎上進一步累積，變得「擅長工作」。考上哪所大學並不是重點，重要的是，我們將來如何善用機會，發揮所學。身為一個學習者，應該要抱持感恩之心，潛心向學，活用所學。

　　若你大學選擇就讀與機械相關的科系，你將會接觸到專業的物理力學科目，例如：工程力學、機械力學、材料力學、流體力學、結構力學、熱力學等，這些科目都以牛頓力學為基礎，透過數學運算展開。製造業多會將這些專業的物理力學，靈活運用於工序、產品設計，進行產品製造。當然，實際作業中，某些部分無法用這些科目來囊括，工作現場的專業技能，也許未來能透過電腦運算，將這些技能系統化。有許多學生向我反應，材料力學不易理解。大多數學生無法將力學理論運用於實際材料，因而覺得材料力學很難，但本書卻以漫畫形式，將材料力學解釋得清楚易懂，我非常期待讀者能透過本書得到良好的學習效果。希望讀者能夠在閱讀的過程中，透過有趣的漫畫，掌握枯燥乏味的材料力學，學好材料力學。如此一來，身為作者的我將感到無比欣慰。

　　最後，容我向共同完成此書的長嶋利夫老師道謝，以及盡力於企劃、編輯，更提供我許多寶貴意見的歐姆社股份有限公司開發部的成員，隸屬office-sawa工作室，負責繪製漫畫的澤田佐和子小姐，以及円茂竹繩小姐等相關人員，致上由衷的感謝。

末益博志

目　錄

第 2 章　應力　　61

序章
共用社團教室！

放學後，安靜的讀書時間……

這是能讓文藝青年放鬆身心的悠閒時光……

吵死了！

完成了！你看！

西本同學！你來看看！

那是什麼怪東西？

這是以聞名世界為目標的設計師——NONO，所設計的書架呀！

是·書·架！

我設計成
V字型！

是喔……

嘿呀

放幾本書
試試看吧！

啊！
那樣會……

喀嚓

慘了

劈哩

啪啦

怎……怎麼
會這樣？

我……
我忍無可忍！

我果然不該跟妳共用社團教室！

把安靜的讀書時光還給我！

啊⋯⋯下次我會好好做的！

唉呀，你們好像很愉快！

但是可不可以安靜一點？

啊，尾瀬會長！

會長，麻煩妳想想辦法！

文藝社跟設計社共用一間教室，這樣對嗎！

文藝社 &設計社

社團教室有限，沒辦法。

只有一位社員的社團會被廢除唷～

而且，雖然你們是因為抽籤才共用教室，但這也是緣份啊。

嗯⋯⋯但是⋯⋯我跟她的價值觀完全不同。

我只想讓教室塞滿書，盡情享受閱讀之樂。

西本把書亂堆！

這對想成為室內設計師的我來說，絕不允許！

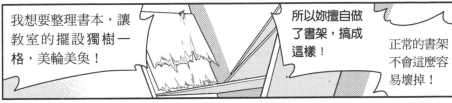

我想要整理書本，讓教室的擺設獨樹一格，美輪美奐！

所以妳擅自做了書架，搞成這樣！

正常的書架不會這麼容易壞掉！

嗯……
我了解。

總而言之，做好書架你們就可以和平相處吧？

啊！
或許是這樣！

是這樣嗎……

我們來想一想。

這個書架為什麼會壞掉呢？

為什麼會壞掉？這座書架看起來很不堅固呀！

嗯，你說的對。

書架壞掉是因為層板承受的力，超過負荷。

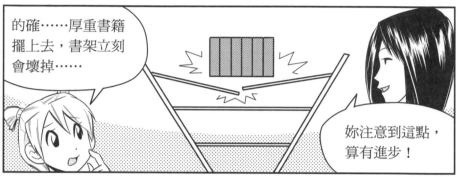

的確……厚重書籍擺上去，書架立刻會壞掉……

妳注意到這點，算有進步！

我們必須了解「**作用於物品的力**」以及「物品損壞的原因」，才能製作安全物品。

原來如此～

哇——會長好專業。

我沒有那麼厲害啦！

其實我對機械工程學很有興趣，正在研究「材料力學」。

因此書架的問題，我應該能解決！

機械工程學？材料力學？

這跟書架有關嗎？

機械工程學是以四種力學為基礎，研究機械設計和製造技術的學問。

材料力學是「製作安全結構體的基礎學問」。

機械
工程學

熱力學

機械力學

流體力學

材料力學

安全結構體？利用這門學問可以製作堅固的書架？

對！若妳想自己做家具，材料力學會幫上大忙！

材料力學其實是一門範圍很廣的學問。

這真的是一門範圍很廣的學問。

所有東西都屬於材料力學！我好混亂啊～

簡單來說，材料力學的終極目標是「製作不易損壞的結構體」。

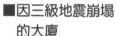

■因三級地震崩塌的大廈

■時速三十公里會解體的汽車

■被電視壓壞的電視櫃

像這樣的結構體很危險，沒有必要製造。

這邊有個女人，做了妳說的危險物。

好刺耳呀！

放心吧！學會材料力學，一定能製作堅固書架。

而且能在繪製設計圖的時候，預知物品是否容易損壞。

喔？

此外，用什麼樣的材料與製作方式，會產生什麼樣的物品性能，也屬於材料力學的研究範圍。

成本？

功能？

強度？

生產力？

好、好厲害，聽起來好難……

對以室內設計師為目標的 NONO 來說，可以換個說法。

材料力學是「將畫在紙上的想法，變成現實」的學問。

設計圖非常酷，但是製成的物品卻容易損壞，這種設計並不實用。

出色的設計必須考慮到「安全」，才具實用性。

由此可知，材料力學是一門非常有理想的學問！

真的很有理想！

雖然聽起來很難，但我還是要學！

我要做具有個人特色的設計。

我絕對要製作**不會崩塌**的書架！

嗯？西本同學怎麼啦？

GO!

我想……「力學」與理工組有關吧？

我是文組，完全不是理工組的料！我只想好好讀書。

材料力學聽起來很難，我沒有時間製作家具，這真是累人的嗜好。

好吧……請你離開社團教室。

什麼？

本來就是這樣呀，你看。

學生會 規則

■社團教室使用注意事項：
使用成員須具有合作意識。

若你不合作，我身為學生會長，可以要求你離開。

第1章

物體變形的力學

1 施於物體的力

運用向量（荷重）

我們開始學習材料力學吧！

這個借我用。

好！那是我的軟綿綿靠墊！您眼光真好！

啊，妳要我喝完的罐裝咖啡嗎？

吼！我不是叫你快點把空罐丟掉！

咳咳，如字面所示，**材料力學是以力學為基礎**的學問。

今天我們先學習「**力**」的知識吧。

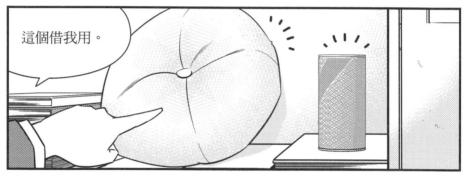

力……
聽起來很難……

很簡單。我們雖然看不見「力」，但是能感覺到力的存在。

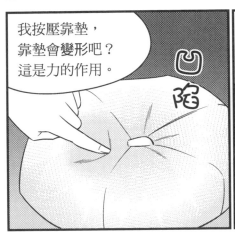

我按壓靠墊，靠墊會變形吧？這是力的作用。

陷

我推咖啡罐，咖啡罐會移動，這是力的作用。

味啦味啦

因為力的作用，使物體產生變形和移動。

正是如此！順帶一提……

從外部施於物體和物體零件的力，稱為「外力」或「荷重」。

15

*日文的「果汁」與「荷重」讀音相同。

果汁*！讀音很引人注意呢。

妳想歪了……

・向量
・著力點

我們可以用**向量**和**著力點**來表示**力**。

※著力點又稱作用點。

向量？著力點？

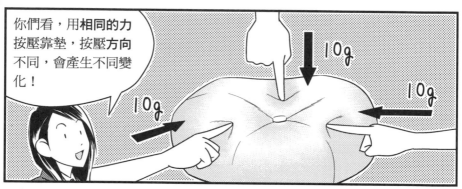

你們看，用**相同的力**按壓靠墊，按壓**方向**不同，會產生不同變化！

10g

10g

10g

力是具有**大小**和**方向**的物理量，我們能用**向量**表示力的大小及方向。

著力點指的是力的作用點。

★我們可以用向量與著力點來表示力

起點 力的方向（箭頭的方向） 終點

力的作用點（著力點）

力的大小（箭頭的長度）

喔！用向量來表示，力變得很具體！

※上圖的著力點在**箭頭終點**，但是有時著力點會在起點。

從反方向作用的力（反力）

西本同學，
請你坐在那把
椅子上。

好！
這樣嗎？

請用平常的
坐姿……

現在有哪些力作
用於西本同學、
椅子與地板呢？

咦？
他坐著不動，

有力
在作用嗎？

有！即使物體靜止不動，
仍有力作用於物體。

這是怎麼
回事？

你們有聽過
重力吧？

17

地球上的所有物體都與地球互相吸引。

重力來自地球的引力，我們將重力的大小稱為**重量**。

人的重力

椅子的重力

引力

引力

喔～
我的體重來自重力啊！

呵呵呵，沒錯，還有**從反方向支撐**這些重量的力。

你們看這個。

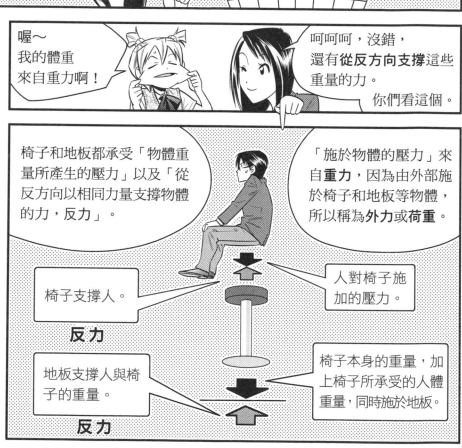

椅子和地板都承受「物體重量所產生的壓力」以及「從反方向以相同力量支撐物體的力，反力」。

「施於物體的壓力」來自**重力**，因為由外部施於椅子和地板等物體，所以稱為**外力**或**荷重**。

椅子支撐人。

反力

人對椅子施加的壓力。

地板支撐人與椅子的重量。

反力

椅子本身的重量，加上椅子所承受的人體重量，同時施於地板。

我第一次聽到「反力」呢！反力被畫成一個箭頭，**力道等於下壓力，但方向與下壓力相反**！兩者的力量大小完全相等，不可思議！

因為是從反方向作用的力，所以稱為反力！

因為反力與下壓力取得平衡，物體才會靜止不動。

物體靜止不動，代表作用於物體的力處於平衡狀態，而且作用於靜止物體的兩股力會相互抵銷，合力為零。

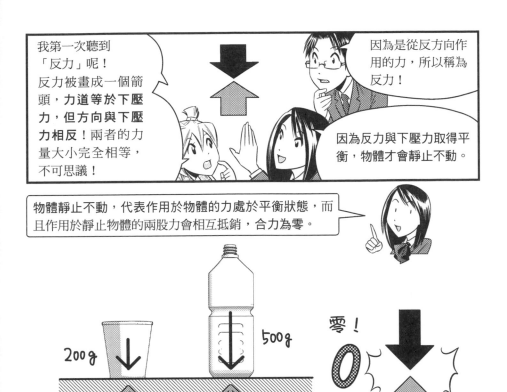

200g

500g

零！

物體 靜止不動 ＝ 力 相互平衡

力的平衡可以解決許多問題。

噢～

在材料力學的世界，平衡非常重要！

我們現在以書架為例來探討吧！

耶！我等好久！

我們以這個書架為例。

這只是個普通的書架呀～

我想要這樣的書架就好……

你們仔細看書架的最上層。

壓力與反力作用於堆疊的書籍上

書籍

書籍的重量

來自書架的反力

書籍的重量總和

書架

喔～若書籍的重量增加，作用於書架的力會變大。

書籍的重量……所有力**都會傳給書架**。

書籍越多，重量越重。

另外，書架上的書籍重量，由書架層板的兩端所支撐。

我們將支撐點稱為「支點」。

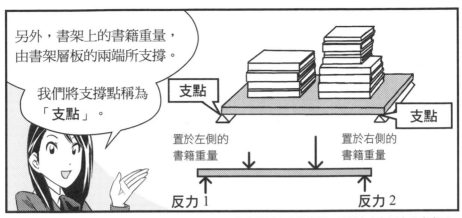

支點

支點

置於左側的書籍重量

置於右側的書籍重量

反力 1

反力 2

※左右的反力未必相等，以反力 1 和反力 2 來表示。

支撐書籍的反力，作用於這個支點。

書架會把書的所有重量傳遞至左右側的支點，兩側的書架層板又會將重量傳遞至地板。

力不會在某處消失，會一直傳遞下去。

假設書籍的重量總和是 15 公斤，書架的重量是 5 公斤……

合計 20 公斤！這是書籍與書架的重量總和，也是地板所承受的重量。

沒錯，以力學的角度來說……

將地板承受的重量單位，換算為 20kgf（公斤重），即 20 · 9.8 ＝ 196N（牛頓），地板承受 196N 的力。

單位將於 P.23 詳細說明

這是地板所承受的力。

嗯，我製作書架完全沒有考慮書籍的重量，該檢討。

無論是椅子或書架，設計師都應仔細**計算物體承受的力**，**考慮力的方向**，才能設計出好物品。

這麼說來，設計高樓大廈和公寓建築真的不簡單呀！

是啊，建物內的雜物、人以及建築物本身的重量，都會傳遞至地面。

啊！
我不敢回家！
誰知道我家會
不會像書架一樣
垮下來……

轟隆

轟隆

不曾啦，建築設計師都有仔細考量。

1N 與 1kgf

在力學上，單位非常重要，你一定要知道！

1kgf = 9.8N

一起和NONO來學習力學單位吧！

在力學上，1kg 物體所承受的重力，記為 1kgf（千公斤重）。kgf 是 kilogram-force 的縮寫，kgf 裡面的 kg 就是「千公斤」。

1N（牛頓）的力，是讓質量 1kg 的物體，產生 $1m/s^2$ 加速度[※]。牛頓（N）屬於**國際單位制（SI）**，是力的單位。國際單位制是全世界最普及的標準度量衡單位系統，對一般人來說，用 kgf 表示比較容易理解。

1N≒0.102kgf = 102gf，可見 1N 約為質量 100g 物體所承受的重力。

總結來說，1kg 物體所承受的重力為 1kgf，大約等於 9.8N。請大家牢記！1kgf = 9.8N

在宇宙中……

質量：1kg
重量：無

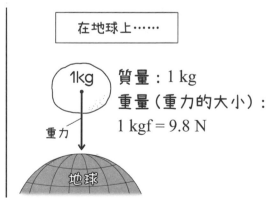

在地球上……

質量：1 kg
重量（重力的大小）：
1 kgf = 9.8 N

重力

地球

※加速度是單位時間內，速度的變化率。
運動中的物體加速，會使靜止的物體開始運動，這就是一種速度的變化。

➡️ 不停轉動（力矩）

接下來，我們以曬衣架為例吧。

NONO，可以麻煩妳發揮想像力，幫我們畫一張曬衣架的圖嗎？

沒問題！交給我！

這款式如何？

真是自由發揮呢……

與其說是曬衣架，不如說是曬衣竿……

你們好沒禮貌！這是我的巧思！

因為衣服很重，所以我加粗橫桿！

加粗！

衣服的重量

原來如此，但妳必需注意其他部位。請注意，這兩個部位！

24 24 == 24

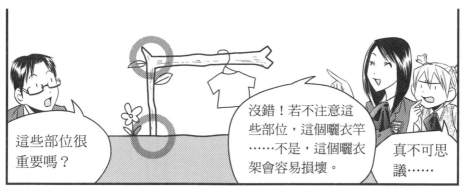

這些部位很重要嗎？

沒錯！若不注意這些部位，這個曬衣竿……不是，這個曬衣架會容易損壞。

真不可思議……

補強曬衣架的這些部位，再來想想看吧。

將衣服掛上橫桿，**衣服的重量**會如箭頭所示，作用於橫桿。

衣服的重量

這點我知道唷！

接下來是重點！其實，重力會讓**橫桿**順時針**旋轉**。

旋轉！

衣服的重量

哇！　什麼！

在力學上，這個使物體旋轉的作用，稱為「**力的轉矩**」，簡稱為「**力矩**」。

妳突然講這些……

太難了！我們完全不了解這種力。

其實我們的四周充滿力矩。舉例來說，兩指輕輕夾住鉛筆，對鉛筆的一端施力，你會感覺鉛筆要旋轉起來吧？

施力

輕夾

沒錯，的確會有這種感覺。

對吧！力能**讓物體旋轉**！

順時針旋轉，和逆時針旋轉，都是**力矩**的作用。

順時針旋轉

逆時針旋轉

力矩的作用！

原來如此！

※力矩的公式將於 P.29 詳細說明

由於力矩和力的作用，製作曬衣架必須注意這兩個部位，以免桿子與連結處斷裂。

當然，立桿與底部基座要能夠承受這些力。

必須想辦法增加立桿與底部基座的穩固程度。

的確，如果立桿過細，或連結處太脆弱，曬衣架可能應聲斷裂。

嗚……雖然很不甘心，但是我已經能想像它壞掉的樣子。

計算結構體會承受多少力與力矩，是設計的第一步──**計算強度！**

在此，我將為各位介紹力矩的基本認識。前面講到的曬衣架，不同的衣服吊掛位置，會**產生不同大小的力矩**。

吊掛衣服的位置不同

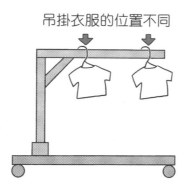

相同重量的衣服，改變吊掛位置，力矩會改變嗎？

沒錯。來看力矩的計算公式吧，這樣比較好懂！從支點到施力點的直線距離稱為「**力臂**」，請記住！

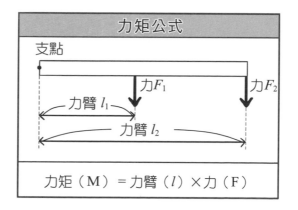

力矩公式

支點

力F_1　力F_2

力臂 l_1

力臂 l_2

力矩（M）＝力臂（l）×力（F）

哇！施力點離支點越遠，力矩越大。

力臂很重要，我終於明白曬衣架例子裡面的力矩公式。

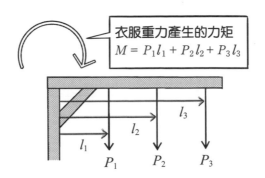

衣服重力產生的力矩
$M = P_1 l_1 + P_2 l_2 + P_3 l_3$

 力矩有許多種類，槓桿原理是力臂的一種運用。

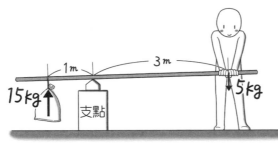

施力的力臂長度，為另一邊力臂的三倍，只需用 5kg（15kg 的三分之一）的力，便能保持平衡。

 啊！這是蹺蹺板的原理嗎？

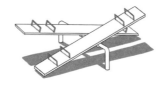

 沒錯！玩蹺蹺板能改變座位，座位離支點越遠，力矩越大，所以體重不同的孩子也可以一起玩蹺蹺板。

物體的力平衡

➡️ 畫自由體圖

來這邊！

為什麼我們要到室外啊？尾瀨會長。

下一個主題是這個！

精忠報國

主題是這個俗氣的紀念碑？

NONO的夢想是設計師，她不會喜歡這個東西吧？

不，我喜歡令人熱血沸騰的東西！

妳的品味真難以捉摸啊……

呵呵，這塊石頭是相當不錯的例子。

物體的重力作用點──重心，正下方只有一個支點，物體仍能保持平衡。

重心

重力

哇！好危險！

接下來，我們來思考**這塊石頭所承受的力**。先繪製這塊石頭的**自由體圖**吧。

自由體圖？

沒錯，只要稍微失去平衡，便會傾倒……材料力學不討論這種容易失去力平衡的例子。

材料力學處理的是，結實而穩固的物體。

在自由體圖中，用向量來表示作用於物體的力。

透過自由體圖，我們能清楚知道力的平衡狀況。

你們不用想得太複雜！

我們其實學過自由體圖，你們看，這是書架的自由體圖。

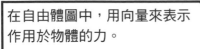

支點

支點

原來是這個啊！

這個我會，用**向量把作用的力畫出來**。

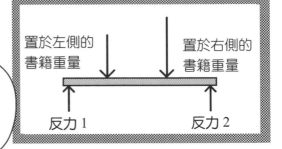

置於左側的書籍重量　　置於右側的書籍重量

反力 1　　反力 2

這就是自由體圖！

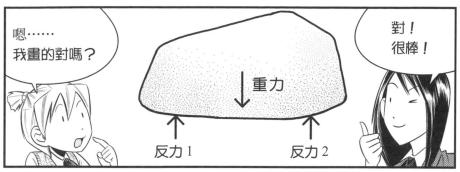

嗯……
我畫的對嗎？

重力

反力1　　反力2

對！
很棒！

但有一點需要注意，左右側的**反力不一定相同**。

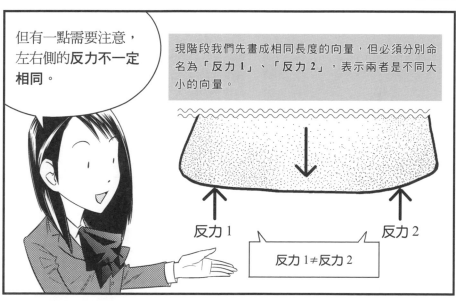

現階段我們先畫成相同長度的向量，但必須分別命名為「反力1」、「反力2」，表示兩者是不同大小的向量。

反力1　　　　　反力2

反力1≠反力2

原來如此！有時，反力1與反力2的大小不一樣！

沒錯！

會長的解說配合NONO的智商，所以很容易懂。

力和力矩的平衡方程式

接下來，我們要以自由體圖為基礎，列出一個公式，求得反力1和反力2。

↓重力

反力1　反力2

我們要先列**力平衡方程式**，你們還記得嗎？

我會！

靜止物體所承受的下壓力（**重力**），與來自反方向的支撐力（**反力**）會取得平衡。

因此……

重力

反力1　反力2

力平衡方程式：
重力＝反力1＋反力2

對嗎？

沒錯！接著我們來思考，在什麼條件下，**物體才不會旋轉**。

請列出**力矩平衡方程式**。

雖然我們學過力矩，但是力矩平衡方程式該怎麼列呢？

重心

重力

鏘鏘！
最重要的是
重心！

重心是重力的作用點。
重心很重要嗎？

沒錯！因此，我們必須認識**重心**形成的原理。

重力會作用於物體內部的所有原子、分子，**遍布於物體的各個部位**。
例如星形物體的重力分布是這樣……

哇！到處都有重力的向量！好複雜！

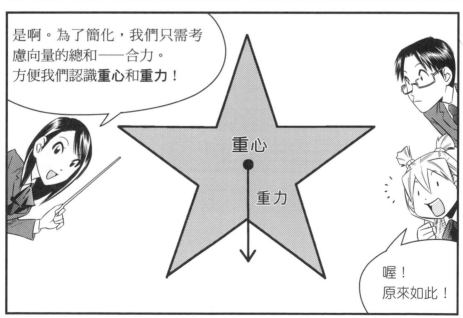

是啊。為了簡化，我們只需考慮向量的總和——合力。
方便我們認識**重心**和**重力**！

重心

重力

喔！
原來如此！

將物體重量集中於**重心**，方便探討力學的問題。

嗯！這樣比較好懂！

我們來歸納重心的特點吧！

重心　重力

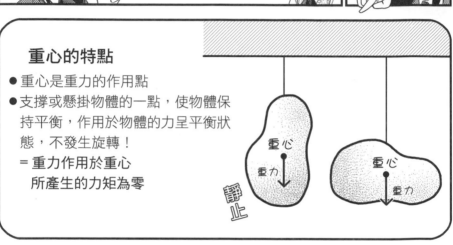

重心的特點

● 重心是重力的作用點
● 支撐或懸掛物體的一點，使物體保持平衡，作用於物體的力呈平衡狀態，不發生旋轉！
　= 重力作用於重心
　　所產生的力矩為零

靜止

重心　重力

嗯，好像比較懂。

還是有點困難。

實際操作是最好的學習方式！我們來探討作用於這塊石頭的力矩吧！

若作用於物體的力呈平衡狀態，我們可以探討任意點的力矩，但現在我們以**重心的力矩**為例來說明吧！

畫出重心到兩支點的距離，請看左下圖！

嗯……**重心的力矩是以重心為中心點的力矩。**

畫成右下圖呢！

★ 簡化圖

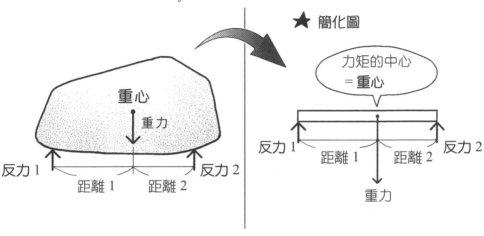

力矩的中心
=**重心**

重心

重力

反力 1　　距離 1　距離 2　　反力 2

反力 1　距離 1　距離 2　反力 2

重力

我懂了，想像鉛筆旋轉的狀況……

・因為重力的力臂為零，所以沒有力矩作用
・反力 1 會以順時針方向，產生反力 1×距離 1 的力矩
・反力 2 會以逆時針方向，產生反力 2×距離 2 的力矩

這樣想會比較簡單。

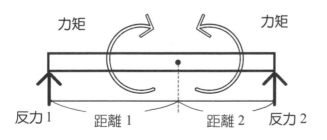

力矩　　　　　　　　　力矩

反力 1　　距離 1　　距離 2　　反力 2

沒錯，請回想**重心的特點**，兩個力矩相互平衡，合計為零。

零！

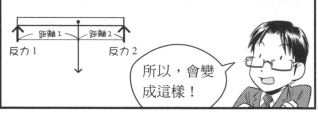

力矩平衡方程式：

（反力 1）×（距離 1）=（反力 2）×（距離 2）

距離 1　距離 2
反力 1　反力 2

所以，會變成這樣！

沒錯！結合力矩平衡方程式與力平衡方程式（**重力＝反力 1 ＋反力 2**），

反力 1 =（重力）×（距離 2）÷（距離 1 ＋距離 2）
反力 2 =（重力）×（距離 1）÷（距離 1 ＋距離 2）

由此可得反力 1 和反力 2。

喔！真是太厲害啦！

原來如此，作用於物體的力矩，可以用物體的重心來計算！

沒錯！**力平衡方程式**與**力矩平衡方程式**，是解決力學問題的基礎知識。

你們一定要記住這些公式！

精忠報國

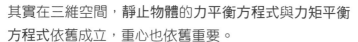

三維空間的力學問題與自由度

剛才我們解決的石頭問題，是二維空間的力學問題，只需考慮重力的作用。若是三維空間，我們該怎麼探討力學問題呢？

其實在三維空間，**靜止物體**的力平衡方程式與力矩平衡方程式依舊成立，重心也依舊重要。

　　作用於靜止物體的力合計為零，若切除靜止物體的一部分，作用於靜止物體的力最後還是會達成平衡。利用這點，我們以數學來表示，並解開力學問題。

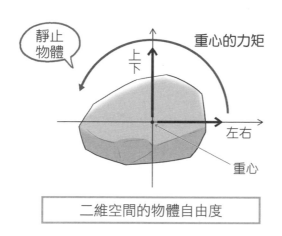

靜止物體

重心的力矩

上下

左右

重心

二維空間的物體自由度

　　我們先來探討二維空間的石頭問題。在二維平面，物體的運動如上圖所示，可能有上下左右的移動，以及在平面上的旋轉。

　　物體靜止代表物體**不移動、不旋轉**（物體固定，反力也會固定），上下左右的**合力**為零，重心的**合力矩**亦為零。

　　我們來計算上圖有多少自由數，有三個，亦即，**物體能朝三個方向自由運動**，稱為「**3 自由度**」。

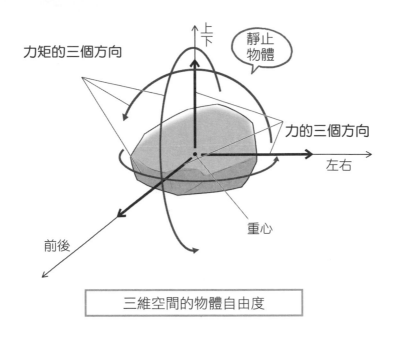

力矩的三個方向

上
下

靜止
物體

力的三個方向

左右

重心

前後

三維空間的物體自由度

接著要探討三維空間的石頭問題。

這個問題有點難，請看上圖。若空間中的物體不往上下、前後、左右等方向**移動**，且不隨上下、前後、左右方向的軸**旋轉**（物體固定，反力也會固定），**則合力為零，合力矩亦為零。**

上圖的自由度數量為 6，代表物體能自由運動的方向是六個，稱為「**6 自由度**」。

由於三維問題的「自由度」數量變多，所以較困難。因此要挑戰三維空間的力學問題，必須先掌握二維空間的力學問題！

3 桿子所承受的力

➡ 橡皮擦的力與變形

回社團教室前，我們去一趟福利社吧！

福利社

我要黑咖啡。

我要香蕉牛奶。

誰說要請你們喝飲料？

我要買這個，這個啦！

自動鉛筆型橡皮擦！

這個橡皮擦有助於學習材料力學！

這個橡皮擦？

力作用於物體，會使物體變形。

靠墊變形了！

41

沒錯！但堅硬的材質，如：鐵、木材，受到力的作用也會變形！只是肉眼難以察覺。

真的嗎？

真是想不到……

但橡皮擦的**變形**很明顯！

拉長、折彎、扭轉……

★下圖是物體受力**變形**的概況。

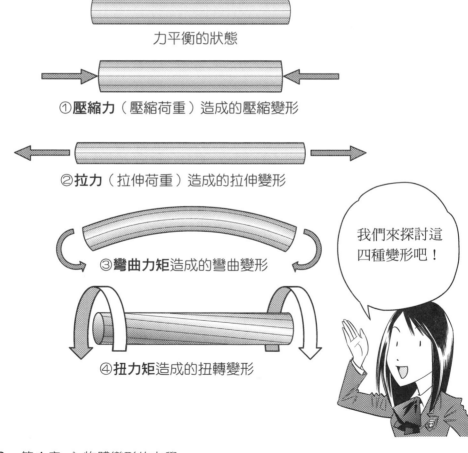

力平衡的狀態

①**壓縮力**（壓縮荷重）造成的壓縮變形

②**拉力**（拉伸荷重）造成的拉伸變形

③**彎曲力矩**造成的彎曲變形

④**扭力矩**造成的扭轉變形

我們來探討這四種變形吧！

按壓（壓縮力）

請回想西本同學坐在椅子上的情況。

椅腳承受人體重量，與來自地板的反力。

我們將壓縮椅子的力，稱為**壓縮力**（又稱**壓縮荷重**），承受壓縮力的椅腳稱為「柱桿件」。

雖然肉眼看不到，但椅腳會產生**壓縮變形**吧？

沒錯！即便肉眼難以察覺，我們仍須知道每個零件都承受力，這點非常重要！

拉伸擴張（拉力、張力）

請想像西本同學吊掛在天花板上的情形！

哎呀！這是什麼例子呀！

西本同學看起來好蠢！

西本同學拉住的桿子，承受**拉伸力**（又稱**拉伸荷重**）的作用。

雖然肉眼無法察覺，但是桿子已產生**拉伸變形**？

請再仔細想一想！

補充說明，桿子承受壓縮力和拉伸力的能力較強，承受彎曲力的能力較弱。

嗯？是這樣嗎？

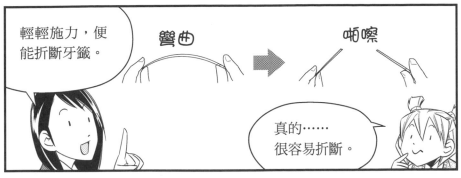

輕輕施力，便能折斷牙籤。

彎曲 ➡ 啪嚓

真的……
很容易折斷。

所以，製造堅固的物體，需考慮「壓縮力」與「拉伸力」。

桁架結構（Truss structure）奠基於這種想法，常被運用於橋梁建築。

這種結構由許多構件組成，將各個構件拆開來看，每個構件都承受**拉伸力**與**壓縮力**。

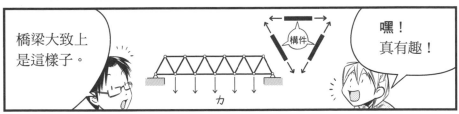

橋梁大致上是這樣子。

構件

力

嘿！
真有趣！

⇒ 彎曲（彎曲力矩與剪力）

請想像西本同學練習單槓的情形。

西本同學好像不會翻身上槓唷。

沒錯，但不關妳的事。

對槓桿施加垂直方向的力，槓桿會彎曲。以彎曲狀來承受力的槓桿（構件），稱為「梁」。

外力

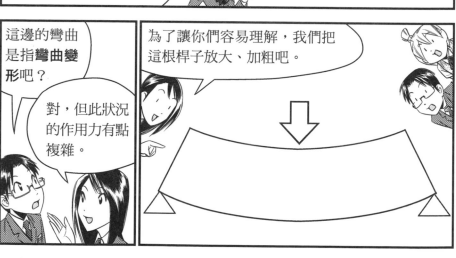

這邊的彎曲是指**彎曲變形**吧？

對，但此狀況的作用力有點複雜。

為了讓你們容易理解，我們把這根桿子放大、加粗吧。

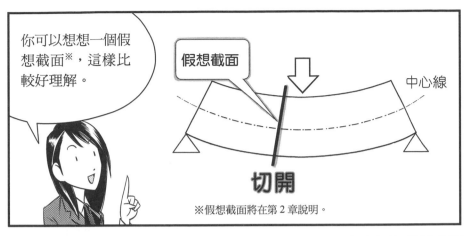

你可以想想一個假想截面※，這樣比較好理解。

假想截面

中心線

切開

※假想截面將在第 2 章說明。

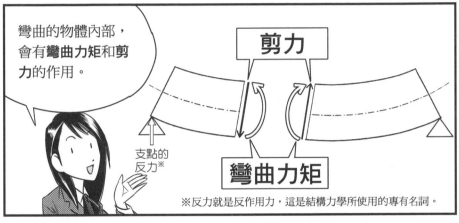

彎曲的物體內部，會有**彎曲力矩**和**剪力**的作用。

剪力

支點的反力※

彎曲力矩

※反力就是反作用力，這是結構力學所使用的專有名詞。

有力矩和力的作用嗎？

好難啊……

我為你們講解**彎曲力矩**和**剪力**吧。

彎曲力矩稱為「**彎矩**」，會讓這根桿件彎曲。
方向相反的力矩分為兩組，作用於桿件兩側，呈平衡狀態。

彎曲力矩

↓用假想截面來看，桿件兩側的力矩作用狀態

偶矩　　偶矩

這兩組力矩的作用，讓桿件彎曲！

因為要讓力矩保持平衡，桿件看起來才會彎曲。

剪力（切斷荷重）由兩組平行、方向相反的向量所組成。

要讓長方形的物體變形為平行四邊形，需要「**使物體產生位移的力**」。

剪力
（切斷荷重）

位移？

沒錯，剪力作用的位置，會產生這樣的變形。

好複雜……

我們換個方式思考吧！

※有時候沒有剪力，構件仍會變形。

剪力讓物體產生位移……

剪力不是單純的壓縮力和拉伸力，而是**沿著截面作用於物體**，造成物體內部的位移變形。

順帶一提，扭轉變形也有剪力的作用。

剪力

壓縮力

拉伸力

剪力會沿著截面作用於物體！

原來如此……**這不是普通的變形，而是物體內部的位移！**

西本同學的性格很扭曲，他的內部應該也有位移吧！

我不想被妳這麼批評！

49

➡ 扭轉（扭力矩）

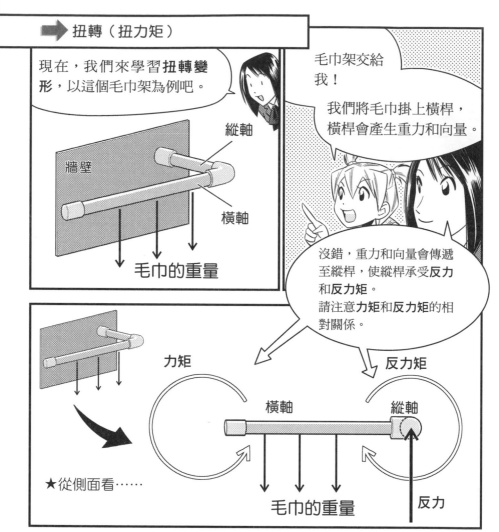

現在，我們來學習**扭轉變形**，以這個毛巾架為例吧。

縱軸

牆壁

橫軸

毛巾的重量

毛巾架交給我！

我們將毛巾掛上橫桿，橫桿會產生重力和向量。

沒錯，重力和向量會傳遞至縱桿，使縱桿承受**反力**和**反力矩**。
請注意**力矩**和**反力矩**的相對關係。

力矩

反力矩

橫軸

縱軸

★從側面看……

毛巾的重量

反力

力作用的地方會產生反力，力矩作用的地方會產生反力矩。

你的總結很棒！

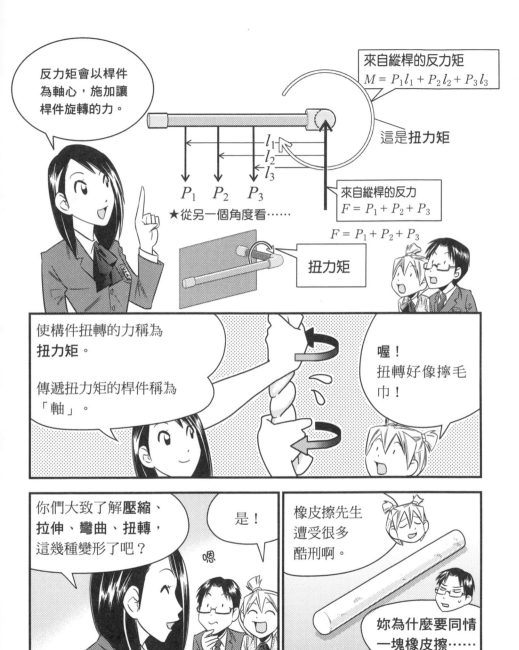

51

4 物體的受力變形

➡️ **靜定問題與超靜定問題**

我們用「力」、「力矩」的平衡方程式來探討紀念碑
（石頭）的受力狀況，但有些問題無法單純以這兩個
方程式解決。除了力和力矩，還有變形的狀態。

只需要力和力矩兩個方程式便能解決的問題，稱為「**靜定
問題**」；需考慮變形因素的問題則稱為「**超靜定問題**」。
我們一起來探討這些問題吧！

以下將為各位介紹彈簧的問題。我們先來認識彈簧的特性吧！

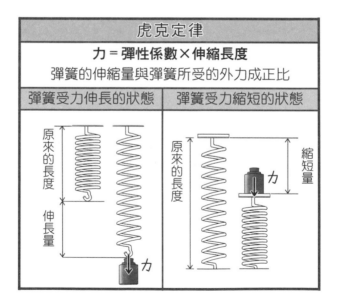

虎克定律相當重要，我們之後會為各位介紹。力學常探討與彈簧相關
的問題，彈簧可以用來「表達力和變形的關係」，可以說是變形物體的代
表。

〈靜定問題〉

請看下圖的彈簧 1 和彈簧 2。

假設物體的重量為 W，兩個彈簧的彈簧常數為 k_1、k_2，

試求兩個彈簧承受的力 P_1、P_2，以及伸縮量 u_1、u_2。

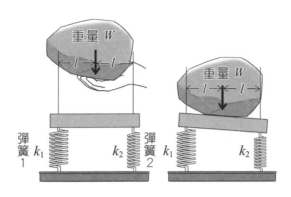

靜定問題與紀念碑的石頭問題很類似（參考 P.31），我們一起來探討這個問題的「力平衡方程式」和「力矩平衡方程式」吧。

$W = P_1 + P_2$（力平衡方程式）

這兩個力矩（從物體位置到支點的距離）的長度相同，所以——

$P_1 = P_2$（力矩平衡方程式）

根據這兩個公式，可以求得 $P_1 = P_2 = \dfrac{W}{2}$

根據虎克定律，可以求得彈簧的伸縮長度為 $u_1 = \dfrac{W}{2k_1}$，$u_2 = \dfrac{W}{2k_2}$

如此一來，問題迎刃而解！

〈超靜定問題〉

請看下圖的彈簧1、彈簧2、彈簧3。假設彈簧2位於另外兩個彈簧的中間。當物體的重量為 W，三個彈簧的彈簧常數為 k_1、k_2、k_3，試求三個彈簧所承受的力 P_1、P_2、P_3，以及三個彈簧的伸縮量。

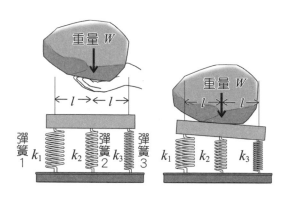

超靜定問題與靜定問題有何不同呢？沒錯！彈簧數量不一樣！**因為未知數增加，所以方程式變複雜。**

與剛才的靜定問題一樣，我們先來思考這個問題的「力平衡方程式」與「力矩平衡方程式」。

$P_1 + P_2 + P_3 = W$（上下方向的力平衡方程式）

$P_1 l = P_3 l$（構件中心點的力矩平衡方程式）

接下來，**想像彈簧的變形。** 如果底部基座和上方平台都未變形，只有上方平台傾斜，這時三個彈簧的變形狀況如下圖所示。

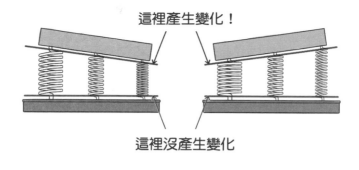

這裡產生變化！

這裡沒產生變化

三種彈簧的變形示意圖

我們可以用公式表示變形的條件。

由於彈簧 2 是彈簧 1 和彈簧 3 的中間點，所以彈簧 2 伸縮變形的程度，即為彈簧 1 和彈簧 3 的中間值。

$$u_3 - u_2 = u_2 - u_1 \text{（物體變形條件的公式）}$$

根據以上三個公式與虎克定律，找出這三個彈簧受力與伸縮的關係。

$$u_1 = \frac{2k_3}{k_1 k_2 + 4k_1 k_3 + k_2 k_3} W \qquad P_1 = \frac{2k_1 k_3}{k_1 k_2 + 4k_1 k_3 + k_2 k_3} W$$

$$u_2 = \frac{k_1 + k_3}{k_1 k_2 + 4k_1 k_3 + k_2 k_3} W \qquad P_2 = \frac{k_2 \left(k_1 + k_3 \right)}{k_1 k_2 + 4k_1 k_3 + k_2 k_3} W$$

$$u_3 = \frac{2k_1}{k_1 k_2 + 4k_1 k_3 + k_2 k_3} W \qquad P_3 = \frac{2k_1 k_3}{k_1 k_2 + 4k_1 k_3 + k_2 k_3} W$$

求得上式的解（詳細計算過程列於第 60 頁）。

「靜定問題」可用力平衡方程式和力矩平衡方程式求解，而「超靜定問題」除了這兩個方程式，還需要**物體變形條件的公式**。

➡ 微小變形與有限變形

一般來說，若物體的變形程度輕微，我們會依據受力的「物體原狀」來計算力，但是我們不能總是假設物體的變形程度很輕微。

我們將變形程度小到可以忽視的變形，稱為「**微小變形**」；非此類的變形，則稱為「**有限變形**」。一起來看例子吧！

假設有一組桿件和彈簧，如下圖所示。

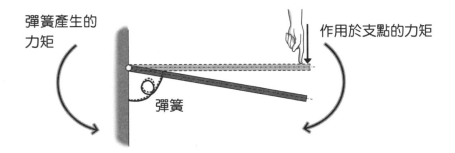

桿件被能自由轉動的釘子固定於牆面，從上方按壓桿件會使桿件運動，上下彈動，產生「**作用於支點的力矩**」，而彈簧為了抵抗這個力矩，也會產生另一個**力矩**。

我們用公式來表示這兩個力矩吧。請各位回想高中學過的三角函數！

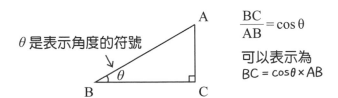

$$\frac{BC}{AB} = \cos\theta$$

可以表示為
$BC = \cos\theta \times AB$

θ 是表示角度的符號

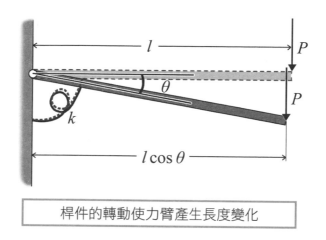

桿件的轉動使力臂產生長度變化

假設作用於桿件的力為P、力臂長度為 l、桿件的轉動角度為 θ
此時，如果彈簧 k 的阻抗力矩與 θ 成正比，**彈簧產生的力矩即是 $k\theta$**

力 P 作用於桿件右端，使桿件向下 θ 度以保持平衡，則此力矩的力臂長度為 $l \cos \theta$。

作用於支點的力矩 = 力 × 力臂長度 = $Pl \cos\theta$

當彈簧產生的力矩與作用於支點的力矩取得平衡，以下等式成立：
$$Pl \cos\theta = K\theta$$

因此，力與 θ 的關係為：

$$P = \frac{k}{l} \frac{\theta}{\cos \theta}$$

接下來，我要講解本章的重點：P 和 θ 的關係式，套用**變形前的力臂長度** l，$P = (k/l) \theta$ 成立。

亦即，桿件的力臂長度變化，會影響計算結果。**桿件變形前後，力矩的大小不一樣。**

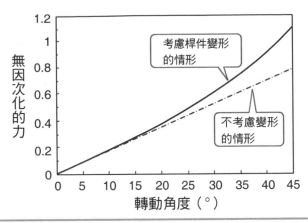

考慮轉動所引起的力臂長度變化，與不考慮此變化，
兩者力與 θ 的關係不同。

我們來看上面的圖表。當 θ 為零，根據力臂長度求得的力，與 θ 的關係如下：若 $\theta=5°$，力與 θ 有 0.4% 的差距；若 $\theta=10°$，力與 θ 約有 1.5% 的差距。兩者的差異其實很小。

由此可知，以 cos θ 與未變形的力臂長度來計算力矩，不會有太大影響。因此，假設「**微小變形**」，比較方便計算。

用於機械和建築物的金屬、混凝土等材料，變形程度較小，所以用物體變形前的尺寸和形狀來計算力平衡即可。

但是，若 $\theta=30°$，物體變形前後的力矩大小，相差了 13.4%，即不能算是「小差別」。這些無法忽略的變形問題，稱為「**有限變形**」問題，或「**大變形**」問題。

一般來說，有限變形問題非常難解，我們會盡可能假定為微小變形來求解。

但變形程度太大實在難以忽視，真是讓人煩惱呀！設計者必須考慮這種情況，判斷「可以忽略的變形程度」究竟是什麼。

今天的課上到這裡。明天放學我們再一起努力學習吧！

尾瀨會長，明天是星期六喔。

我明天要自己去逛舊書店……嘿嘿。

你好閒喔。

那明天大家來我家學習吧。

好！

啊？

等等，等等！我明天有行程耶！

NONO 假日也很忙吧？

我想去參觀會長的房間！要當國際級設計師的 NONO，不會放過這個機會！

哎呀，妳別抱太高期待，只是一間很普通的房間。

我的休假啊……

◆詳細計算過程（超靜定問題）

以下是第 55 頁「彈簧超靜定問題」的詳細計算過程。

用 P_1、P_2、P_3 來表示變形條件的公式——

$$\frac{P_3}{k_3} - \frac{P_2}{k_2} = \frac{P_2}{k_2} - \frac{P_1}{k_1} \quad \Rightarrow \quad \frac{P_3}{k_3} - 2\frac{P_2}{k_2} + \frac{P_1}{k_1} = 0$$

由力的關係式求得的關係式——

$$P_2 = W - 2P_1 \quad , \quad P_3 = P_1$$

代入上述公式得到——

$$\frac{1}{k_3}P_1 - 2\frac{1}{k_2}\left(W - 2P_1\right) + \frac{1}{k_1}P_1 = 0$$

將式子整理——

$$\left(\frac{1}{k_3} + \frac{4}{k_2} + \frac{1}{k_1}\right)P_1 = \frac{2}{k_2}W$$

$$\Rightarrow \quad P_1 = \frac{2}{k_2\left(\dfrac{1}{k_3} + \dfrac{4}{k_2} + \dfrac{1}{k_1}\right)}W = \frac{2k_3k_1}{k_1k_2 + 4k_1k_3 + k_2k_3}W$$

依照同樣方式求得——

$$P_3 = P_1 = \frac{2k_3k_1}{k_1k_2 + 4k_1k_3 + k_2k_3}W$$

$$P_2 = W - 2P_1 = \frac{k_2\left(k_3 + k_1\right)}{k_1k_2 + 4k_1k_3 + k_2k_3}W$$

第2章

應力

1 物體內部的作用力

➡ 用假想的菜刀切斷！（內力和假想截面）

真是個乾淨、漂亮的房間！

這條瑞士捲是給妳的伴手禮。

謝謝！等一下大家一起吃吧！

為什麼我會落到這步田地……

唉……

喂！你不要一直嘆氣。

今天我要講解**物體內部的作用力**。

內部的作用力？

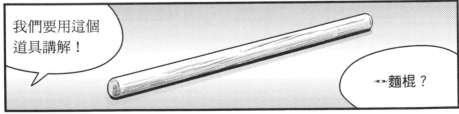

我們要用這個道具講解！

←→麵棍？

63

原來如此，如果我的力氣較大，桿件會朝我的方向移動。

用力

哇呀！

在材料力學上，NONO 和西本同學的拉力是相等的……

亦即 $P_1 = P_2$，這種情形可看成**桿件的受力平衡**，桿件處於靜止狀態。

靜止！

P_1

P_2

當然，力量太大，桿件會斷掉。

這就是受力平衡啊……

好累啊……

你好弱！

哈哈哈，接下來我們要進入主題。

請思考 $P_1 = P_2 = P$ 的狀態，以**相同的力量 P**，往左右邊拉。

若桿件未斷裂，即可當作桿件處於受力平衡的狀態。

P

P

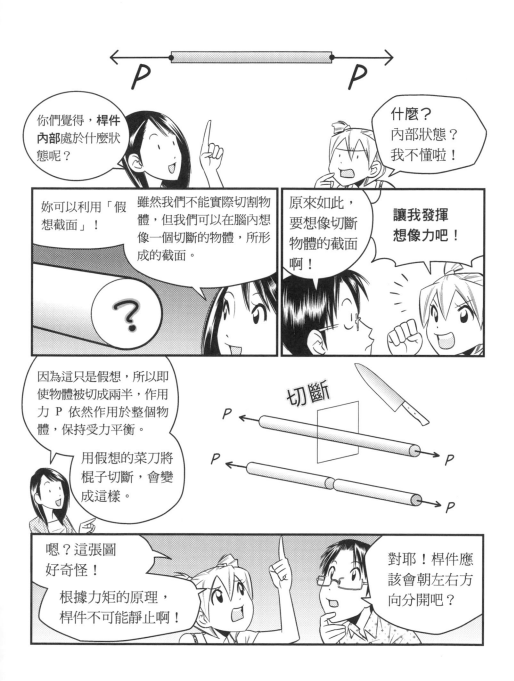

65

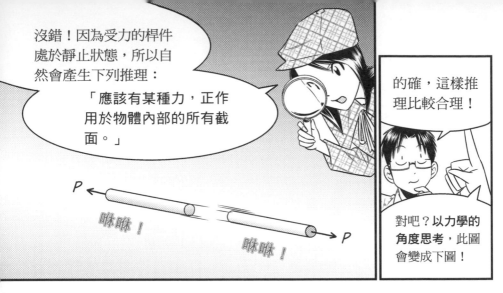

沒錯！因為受力的桿件處於靜止狀態，所以自然會產生下列推理：

「應該有某種力，正作用於物體內部的所有截面。」

啾啾！　啾啾！

的確，這樣推理比較合理！

對吧？以力學的**角度思考**，此圖會變成下圖！

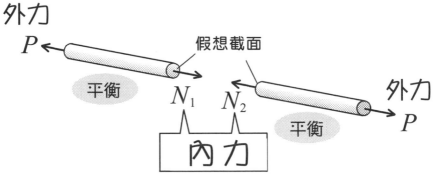

外力

假想截面

平衡

N_1　N_2

內力

外力

平衡

左側桿件的截面有力量大小為 N_1 的作用力；
右側桿件的截面有力量大小為 N_2 的作用力，往 P 的反方向作用，
左右兩側的桿件保持**平衡狀態**。

右側桿件的平衡方程式為　　　$P - N_2 = 0$

左側桿件的平衡方程式為　　　$N_1 - P = 0$

由以上公式求得：　　　$N_1 = N_2 = P$

此外，根據作用力與反力的定律（牛頓第三運動定律）此力平衡方程式可得 $N_1 = N_2 (= N)$。

喔！～
如此一來，左右側的桿件的確會處於靜止狀態！

$N_1 = N_2$ 的力，稱為桿件的「**內力**」。

外力作用於物體，於**物體內部產生**的作用力，就是內力。了解內力，我們便能理解此現象。

嗯，也就是說……

內力的力量大小是 P 吧？

了解內力，左右桿件的靜止狀態變得很合理呢。

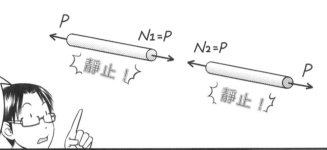

P　　　$N_1 = P$
《靜止！》

$N_2 = P$
　　　　P
《靜止！》

原來如此，公式隨著合理的現象成立……

「這樣思考能解釋某現象」是在追求合理性啊……

這是力學的有趣之處嗎？

逐步了解力學，讓我越來越興奮！

我想幫剛才的假想菜刀取名字！

「假想維度切割刀」或是「真・超烈波幻想空間斬刀」之類的！

隨……隨便妳。

喂……妳的命名品味真是糟糕啊……

2 如何表示內力？

➡ 什麼是應力？

請你們回想。

什麼是壓力？
你們應該學過
唷！

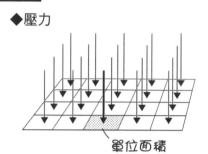

◆壓力

單位面積

壓力是作用於**單位面積（1m²）
的垂直力**。
假設力 F（N）作用於面積 A（m²），
可以用以下公式來表示壓力 p（Pa）。

$$壓力\ P\ (Pa) = \frac{力\ F\ (N)}{面積\ A\ (m^2)}$$

力：1N

面積：1m²

$$壓力：1Pa = \frac{力：1N}{面積：1m^2}$$

由此公式可知，壓力的單位 **Pa** 是 N/m²。
Pa = N/m²

啊，我記得我
學過這個。

力和**壓力**
不一樣吧？

能發現差
異，代表
已學會！

來講解「應力」吧。

「內力與應力」和「力與壓力」的關係很類似。

我們學過內力了……上面兩組力的對應關係，有什麼相似之處呢？

請看這個！

★當內力 P（N）作用於面積為 A（m²）的假想截面，應力的關係式如下——

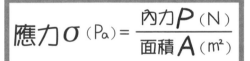

$$應力\ \sigma\ (P_a) = \frac{內力\ P\ (N)}{面積\ A\ (m^2)}$$

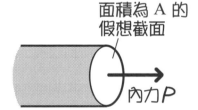

面積為 A 的假想截面

內力 P

在實際的計算過程中，多以 mm² 為面積單位，以 N/mm² = MPa（百萬帕）為應力單位。

力除以面積！應力是單位面積所承受的內力。

嗯，的確很接近這個意思。

此公式是應力的基礎，此外……

★進一步分類應力……

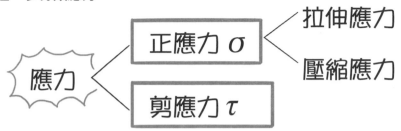

正應力 σ ──── 拉伸應力
        ──── 壓縮應力

應力 ─── 剪應力 τ

好複雜！

我想跳過這個！

喂！應力非常重要啊。

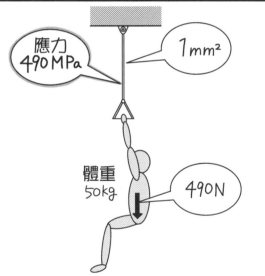

應力 490 MPa

1mm²

體重 50kg

490N

請思考這張圖的應力，它的解說如下──

嗯……我知道應力的具體值。

假設體重 50kg 的人，懸掛於截面積為 1mm² 的鋼索，鋼索所承受的外力為 50kg，內力為 50kgf，
1kgf = 9.8N，因此 50kgf = 490N，
亦即，鋼索的應力是 490N/mm² = **490MPa**

可是這有什麼用呢？

比較應力與材料強度，可以預測「材料是否會損壞」！

應力＜材料強度

沒問題……

鋼索材質夠堅韌，便能承受 490MPa 的應力，不會損壞。

應力＞材料強度

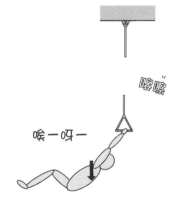

喀嚓

唉一呀一

鋼索材質太脆弱，便無法承受 490MPa 的應力，會損壞！

喔！「應力小於材料強度」，物體即不會損壞！很好懂啊！

原來如此！應力好重要！

為了製造很棒的書架，我會好好學習應力！

來詳細講解應力吧，首先是**正應力**！用 σ 來表示正應力的公式如下——

嗯，這個我懂。

$$應力\,\sigma\,(Pa) = \frac{內力\,P\,(N)}{面積\,A\,(m^2)}$$

面積為A的假想截面

內力P

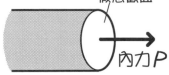

正應力分為拉伸應力和壓縮應力。

應力 — 正應力 σ — 拉伸應力
— 壓縮應力

剪應力 τ

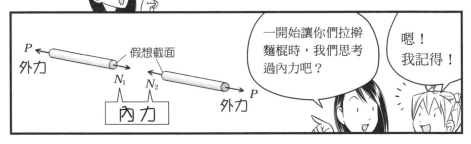

P
外力

假想截面

N_1　N_2

內力

外力
P

一開始讓你們拉擀麵棍時，我們思考過內力吧？

嗯！我記得！

這次正好相反，請想像你們互相推擠擀麵棍。對桿件施加**壓縮力**。

擠！

嗯……我想想……

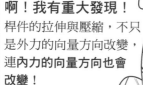
P
外力

N_1 N_2

內　力

P
外力

啊！我有重大發現！
桿件的拉伸與壓縮，不只是外力的向量方向改變，連內力的向量方向也會改變！

沒錯！請注意假想截面。

拉伸的情況	壓縮的情況
面積為A的假想截面 內力P	面積為A的假想截面 內力P
拉伸應力 $\sigma = \dfrac{P}{A}$	壓縮應力 $\sigma = -\dfrac{P}{A}$ 有負號！

因為內力的**方向**不同，所以必須以符號**區分應力的方向**。

把**壓縮應力**當成**負值**，來區分兩者！

接著解釋剪應力吧！

剪應力用 τ 符號表示。

應力

正應力 σ ── 拉伸應力 壓縮應力

剪應力 τ

之前我講過「剪力」吧？

剪力

位移！

剪力是平行位移的力嗎？

沒錯！
剪力會沿著截面，作用於物體。用剪力除以受力面積，能求得剪應力。

$$\text{剪應力}\,\tau = \frac{\text{剪力}\,P}{\text{面積}\,A}$$

面積為 A 的假想截面

剪力 P

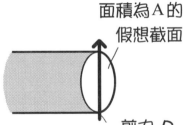

剪應力是單位面積所承受的剪力！

你們了解「**正應力**」與「**剪應力**」的差別嗎？

你們可以想像從側面看桿件的圖。

★側面示意圖

截面

正應力σ

剪應力τ

喔！正應力是**垂直作用於截面的力**！剪應力則沿著截面移動。

嗯……

請問……拉伸和壓縮桿件所產生的內力，都**垂直作用於截面**嗎？

我們為什麼要學剪應力，它的作用是什麼？

問得好！你們等我一下。

咦？

我們該享用瑞士捲了！

哇！
休息了！

現在休息？
可以嗎……

這不只是休息，
而是一種學習！

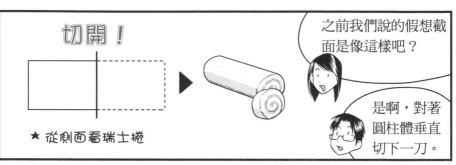

切開！

★ 從側面看瑞士捲

之前我們說的假想截面是像這樣吧？

是啊，對著圓柱體垂直切下一刀。

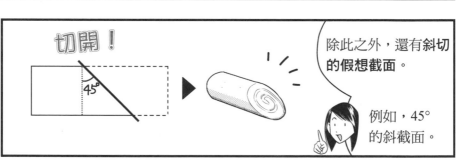

切開！

45°

除此之外，還有**斜切**的假想截面。

例如，45°的斜截面。

喔！這種假想截面好酷！

斜切使正應力和剪應力的關係，產生變化。

★從側面看桿件斜截面

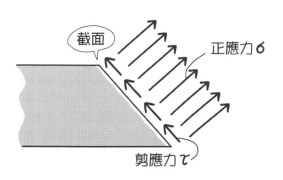

截面

正應力σ

剪應力τ

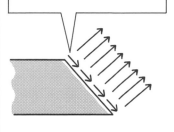

剪應力若為**負值**，箭頭的方向相反。

正應力垂直於截面，**剪應力**沿著截面（相切於截面），這些概念基本上是固定的。

喔！
跟剛才不同！

好難啊～

斜切的假想截面與**剪應力**的關係密切。

我來詳細講解吧！

3 應力如何產生？

➡️ 應力的向量分解（正應力與剪應力）

我來講解**斜切的假想截面**。

首先，請看此圖！無論怎麼切割假想截面，內力 P 的大小都不會改變。

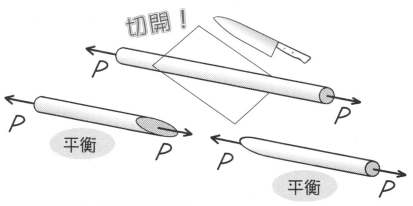

切開！

P　P

平衡

P　P

平衡

P

這是理所當然的，因為內力 P 與外力 P 平衡，所以桿件處於靜止狀態。

啊，但是……

試想剛才的瑞士捲，刀子傾斜 45°，將瑞士捲截面切成橢圓狀所露出的奶油，比垂直切法多。

由此可知，根據不同切法，**截面積會改變**！

截面積變大！

原來如此！
內力不變，

切法改變，會使
應力改變！

正是如此！以 0°
（垂直）、30°、
45°來切，應力大
小會有以下變化。

垂直於截面的直線

中心軸

CHECK！
用垂直於截面的直線（稱為法線）與中心軸的夾
角，來表示傾斜角度。順帶一提，左圖的兩個 θ
相同。

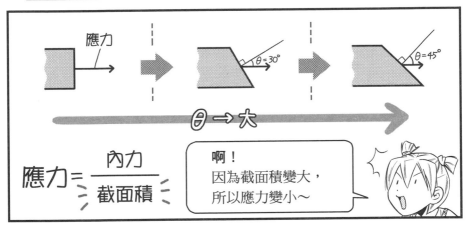

應力

$\theta = 30°$

$\theta = 45°$

$\theta \rightarrow 大$

$$應力 = \frac{內力}{截面積}$$

啊！
因為截面積變大，
所以應力變小～

這個應力向量可以
分解為正應力與剪
應力。

正應力
σ

應力

τ 剪應力

↑σ 垂直作用於截面，τ 沿著截面作用。

※分解應力向量的公式將於第 83 頁說明

79

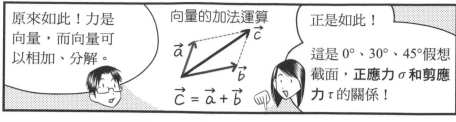

原來如此！力是向量，而向量可以相加、分解。

向量的加法運算

$\vec{c} = \vec{a} + \vec{b}$

正是如此！

這是 0°、30°、45° 假想截面，**正應力 σ 和剪應力 τ 的關係**！

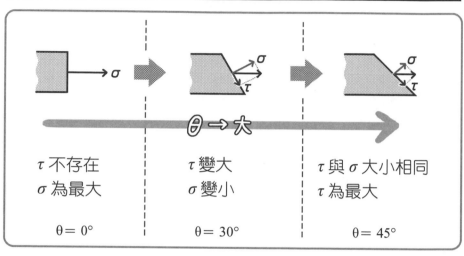

τ 不存在
σ 為最大

$\theta = 0°$

τ 變大
σ 變小

$\theta = 30°$

τ 與 σ 大小相同
τ 為最大

$\theta = 45°$

角度改變，σ 與 τ 也改變。

沒錯！我希望你們了解這種變化。

單純的拉伸也會使斜切的假想截面產生剪應力 τ！

受大地震影響，有些牆壁和柱子會產生裂縫……

這稱為**剪切破壞**，是剪應力造成的損壞。

混凝土可以承受很大的壓縮力，所以牆面沒有產生垂直的裂縫，只因剪應力產生斜向（45°）的裂縫。

斜向的裂縫原來有這麼深的涵意……

為了製造不易損毀的物體，必須考慮作用於斜切假想截面的應力。

現在只是讓你們大致了解應力，若你們認真地解數學公式，能夠進一步認識應力喔！

請仔細看計算過程！（參考 P.82）

好吧，我試試看……

➡ 莫爾應力圓

正應力 σ 與剪應力 τ 會根據假想截面的角度改變。

數學公式能幫助我們理解這一點。根據數學公式，可以描繪「**正應力 σ 與剪應力 τ 的變化關係圖**」，據說這稱為莫爾應力圓……莫爾應力圓到底是什麼啊？

我們回想三角函數 sin、cos，來計算數學公式吧。

・・

我要用數學公式講解作用於斜切假想截面的**正應力 σ 與剪應力 τ**。
先來正確理解角度吧！

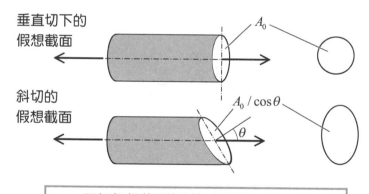

垂直切下的
假想截面

A_0

斜切的
假想截面

$A_0 / \cos\theta$

θ

正切假想截面與斜切假想截面的面積

斜切的假想截面如上圖。

以 0°（垂直於中心軸）切斷桿件所形成的**截面積**為 A_0，以**角度 θ 切斷**桿件所形成的斜切截面積為 $A_0/\cos\theta$。

如下頁的圖，從側面看，假想截面的**斜角**同於「**垂直於假想截面的直線，與中心軸的夾角**」。

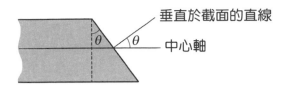

垂直於截面的直線

中心軸

傾斜 θ 角度的截面所承受的內力向量,寫成 $\vec{P}$($|\vec{P}| = P$),組成 $\vec{P}$ 的向量寫成 $P_n = P\cos\theta$、$P_s = P\sin\theta$,P_n 垂直於截面,P_s 沿著截面。

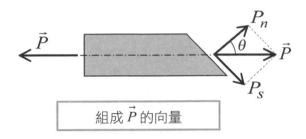

組成 $\vec{P}$ 的向量

因為應力＝內力／截面積,所以應力向量為:

$$\vec{t} = \frac{\vec{P}}{A_0 / \cos\theta} = \frac{\vec{P}}{A_0}\cos\theta \quad \cdots\cdots\cdots\cdots ①$$

應力向量的大小與 $\cos\theta$ 成正比,因此截面的傾斜角度越大,應力越小。

此外,垂直與沿著截面的向量,可以由下列公式導出,用組成內力的向量除以截面積。

$$\sigma = \frac{P_n}{A_0 / \cos\theta} = \frac{P}{A_0}\cos^2\theta \quad \cdots\cdots\cdots\cdots ②$$

$$\tau = \frac{P_s}{A_0 / \cos\theta} = \frac{P}{A_0}\sin\theta\cos\theta \quad \cdots\cdots\cdots\cdots ③$$

由算式可知，截面的角度 θ 與正應力 σ、剪應力 τ 的值密切相關。

即使桿件的拉伸狀態不變，組成應力的 σ 和 τ 也會隨不同的假想截面改變。

組成應力的向量會隨假想截面改變！

接下來，請用公式②和③，來看斜切角度（θ）不同的假想截面，計算作用於桿件的正應力與剪應力。

◆設 $\theta = 0°$

正應力　$\sigma = \dfrac{P}{A_0}$ 　　　　剪應力　$\tau = 0$

◆設 $\theta = 30°$

正應力　$\sigma = \dfrac{P\cos^2 30°}{A_0} = \dfrac{P}{A_0}\left(\dfrac{\sqrt{3}}{2}\right)^2 = \dfrac{3}{4}\dfrac{P}{A_0}$

剪應力　$\tau = \dfrac{P\sin\theta\cos\theta}{A_0} = \dfrac{P}{A_0}\dfrac{\sqrt{3}}{2}\dfrac{1}{2} = \dfrac{\sqrt{3}}{4}\dfrac{P}{A_0}$

◆設 $\theta = 45°$

正應力　$\sigma = \dfrac{P\cos^2 45°}{A_0} = \dfrac{P}{A_0}\left(\dfrac{1}{\sqrt{2}}\right)^2 = \dfrac{1}{2}\dfrac{P}{A_0}$

剪應力　$\tau = \dfrac{P\sin\theta\cos\theta}{A_0} = \dfrac{P}{A_0}\dfrac{1}{\sqrt{2}}\dfrac{1}{\sqrt{2}} = \dfrac{1}{2}\dfrac{P}{A_0}$

根據前頁公式②和③，計算 θ 由-90° 至 90°，所產生的 σ 和 τ 大小，畫出以 σ 值為橫軸，τ 值為縱軸的圖表。如下頁圖所示。

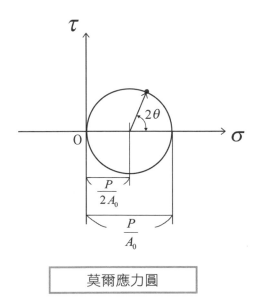

莫爾應力圓

很神奇吧？σ 和 τ 的值竟然形成一個漂亮的圓。

由此可知，σ 和 τ 的關係可以用圓心位於橫軸的圓來表示。這個理論由德國的土木工程師莫爾提出，因此稱為「**莫爾應力圓**」。

若已知截面的傾斜角度 θ，我們便能用這個圖求得 σ 和 τ 的值，相當方便。

4 截面的應力分布不均，應力會隨位置改變

面積公式不適用？（求應力的方法）

我們一直認為**應力**＝**內力／面積**，但有些狀況不能套用這個公式。

什麼？

截面的內力均勻分布，才能使用這個公式……

截面的內力分布不均勻，不能使用這個公式。

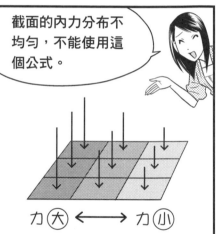

力大 ⟵⟶ 力小

天一啊

我們還以為都學會了……

別那麼沮喪啦！

我來介紹適用於這種狀況的應力計算公式吧！

➡ 利用 Δ 的應力計算公式

好不容易記住公式，卻不能通用，力學的世界真殘酷～
接下來要教的應力計算公式，非常重要，請用心學習！
你不用擔心此處出現的 Δ、Σ、lim。
Δ 表示極小數值，Σ 表示總和，lim 是 Limit 的簡寫，表
示極限值。

施力於物體，內力會作用於假想截面。此時，內力並非作用於截面的
一個點，而是均勻分布於整個截面。

內力 P 均勻分布於截面，整個截面的應力皆為 $\sigma = P/A$。內力並非均勻
分布，如下圖，**假想截面的應力會依位置改變**。

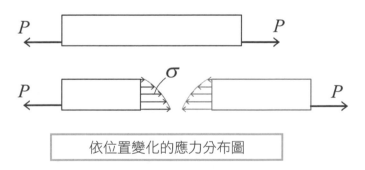

依位置變化的應力分布圖

我們來探討，在這種情況下，該以什麼公式來表示應力吧！

首先，以微小面積（Δa_i）集合來表示整個截面的面積，而作用於各微小截面 Δa_i 的內力，以 $\Delta \vec{P}i$ 表示。

微小內力的和，等於作用於截面的內力。

$$\vec{P} = \sum_{i=1}^{n} \Delta \vec{p}_i$$

微小面積的和，等於假想截面的面積。

$$A = \sum_{i=1}^{n} \Delta a_i$$

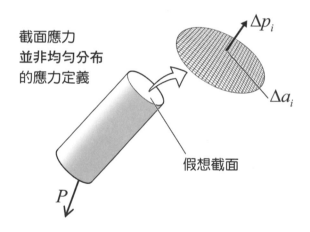

截面應力
並非均勻分布
的應力定義

Δp_i

Δa_i

假想截面

P

將桿件的假想截面分割成多個微小面積

此時，將微小內力的向量 $\Delta \vec{P}i$ 除以微小面積 Δa_i，能求出作用於每個微小面積的單位面積內力。

$$\vec{t} = \frac{\Delta \vec{p}}{\Delta a_i}$$

接著，將微小面積 Δa_i 縮小到極限值，公式如下：

$$\vec{t} = \lim_{\Delta a_i \to 0} \frac{\Delta \vec{p}_i}{\Delta a_i}$$

以此公式定義作用於點 i（位於假想截面）的應力。

此時，必須運用到微積分。

此外，應力的單位是 Pa（Pascal）。

當然，加上垂直於微小面積、組成 $\Delta \vec{Pi}$ 的向量 ΔP_{in}，以及相切於微小面積、組成 $\Delta \vec{Pi}$ 的向量 ΔP_{is}，正應力與剪應力可定義成下列公式：

$$\sigma = \lim_{\Delta a_i \to 0} \frac{\Delta p_{in}}{\Delta a_i}$$

$$\tau = \lim_{\Delta a_i \to 0} \frac{\Delta p_{is}}{\Delta a_i}$$

這麼解說清楚嗎？你可以將截面積想成微小面積的總和，而截面積縮小到極限，能表示應力。

截面積越小，作用於每個微小面積的應力越小。因此，**將截面積縮到極限所得的微小面積，應力大小不會隨位置改變**，能用以下公式來表示：

力＝應力×面積
應力＝力／面積

這種思考邏輯對接下來的計算相當重要（例如，第 5 章 P. 149）。要記住喔！

禮拜一在學校見囉!

嗯,明天是禮拜天,我終於可以一個人去逛舊書店……

呵呵

請聽我說,西本同學……

為了構思書架的設計,我想去看看各種的書架!

明天我可以和你一起去嗎?

咦?

啊!好像很有趣!

我也想去,我要買一些專門書籍。

GO!

妳們來是沒關係啦……

為什麼會變成這樣子呢?

第3章

應變和變形

我要自己拿……

感受書本的重量，是幸福的證明！

嗯……你至少休息一下吧？

這邊剛好有公園！

我們休息，繼續講解材料力學吧！

那樣更累啊……

1　如何表示變形程度？

➡️ 什麼是應變？

嗯，棒子讓我想到桿件的變形呢！

今天我要講解**變形程度**。

好累……我累到腳像僵硬的棒子……

這傢伙……她真的要上課啊！

我們之前用橡皮擦學過變形呢～（參考 P.42）

沒錯，你們猜猜看，

長 5 公分的橡皮擦縮短 1 公分，和長 10 公分的橡皮擦縮短 1 公分，哪一個橡皮擦的變形程度較大？

5cm

10cm

簡單啊！當然是長 5 公分的橡皮擦。

500 元的書減價 100 元，即減價 20%，但是 1000 元的書減價 100 元，只減價 10%……橡皮擦也是同樣道理！

減價 100 元

500 元

1000 元

哈哈，沒錯。

變形程度不只決定於**變形量**，還決定於變形前的**物體原始大小**。

請看這個公式！

$$應變 = \frac{變形量}{原始長度}$$

材料力學以稱為「**應變**」的物理量，來表示變形程度。

應變代表**變形比例**吧。

很簡單啊。

舉例來說，長 5 公分的橡皮擦縮短 1 公分，會變成這樣……

$$應變 = \frac{-1cm（變形量）}{5cm（原始長度）} = -0.2$$

單位抵銷

應變沒有單位。

物理學將沒有單位的物理量稱為「**無因次量**」。

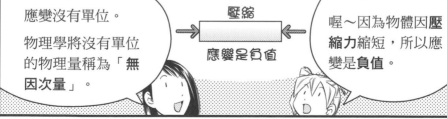

壓縮

應變是負值

喔～因為物體因**壓縮力**縮短，所以應變是**負值**。

拉伸應變

壓縮應變

正應變 ε

應變

剪應變 γ

我們可以這樣分類應變……

ε 符號代表「**正應變**」；γ 符號代表「**剪應變**」。

嗯？我最近似乎看過類似的東西……

這跟昨天學的「**應力**」分類（參考 P. 70）一樣！好像正應力、剪應力……

妳反應很快！其實「**應力**」與「**應變**」的關係相當密切！

你們都知道，**對物體施加壓力，物體會變形**吧？應力是力，應變是變形……

亦即，「**物體有應力，即會產生應變**」。

力　變形　力

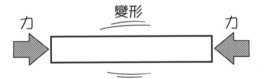
力
應力　對應！　變形　應變

的確，應力會造成應變。

若物體產生應變，代表物體有應力。

應力與應變密不可分～

扁塌

原來如此！難怪應力與應變相互對應。

「應力」和「應變」是材料力學的兩大重點！

應力

應變

唯有跨越過這兩座山峰，才能掌握材料力學！

我們似乎會在跨越以前遇難……

對啊……

你們不要這麼洩氣啦！

我一步一步為你們講解**應變的種類**吧！

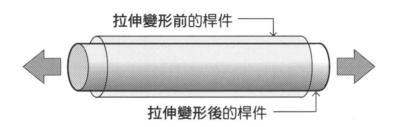

拉伸、壓縮的長度和直徑是多少？（正應變）

首先是「正應變」。
正應變是拉伸和壓縮造成的應變。

正應變 ε

試想拉伸桿件的情況。

變形前後發生什麼變化呢？

拉伸變形前的桿件

拉伸變形後的桿件

呃……桿件因為受拉伸力影響，所以長度增加、直徑變小。

沒錯！桿件的「**長度**」和「**直徑**」是重點！

我們將表示桿件「**長度**」變化的**正應變**，稱為「**縱向應變**」；表示桿件「**直徑**」變化的**正應變**，稱為「**橫向應變**」。

縱向應變的「**縱向**」，指**受力**桿件的軸方向吧？

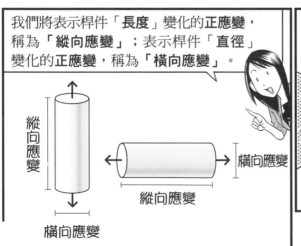

縱向應變

橫向應變

縱向應變

橫向應變

這與桿件的擺放方式無關，不過得注意軸方向，這點很重要。

我們用公式來表示「縱向應變」和「橫向應變」吧！
變形量很小，所以大多用Δ來表示。

拉伸後的長度 L'
原始長度 L
拉伸後的直徑 D'
原始直徑 D

$$縱向應變\ \varepsilon = \frac{\Delta L\,(變形量)}{L\,(原始長度)} = \frac{L'-L}{L}$$

我懂了！
長度和直徑都有變化。

$$橫向應變\ \varepsilon' = \frac{\Delta D\,(變形量)}{D\,(原始長度)} = \frac{D'-D}{D}$$

請注意以下兩者的差異：拉伸變形的應變——拉伸應變，以及壓縮變形的應變——壓縮應變。

拉伸與壓縮，決定應變是正值或負值。

拉伸變形	壓縮變形
←☐→	→☐←
縱向應變 ε（正值） 橫向應變 ε'（負值）	縱向應變 ε（負值） 橫向應變 ε'（正值）

※一般來說是「拉伸為正，壓縮為負」，但是有時處理壓縮問題會「取壓縮為正」。為了使問題易懂、減少錯誤，必須視情況決定。

原來如此。舉例來說，若縱向應變 ε 是負值，物體即處於**壓縮**狀態。

正負值好重要！

接下來，請看這個！

$$波松比\ v = -\frac{\varepsilon' \text{ 橫向應變}}{\varepsilon \text{ 縱向應變}}$$

※為了使波松比為正值，需加上負號。

這是**縱向應變**和**橫向應變**吧？

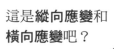

「**波松比**」是表示物體變形的常數，大多用符號 v 來表示。它是一個沒有單位的**無因次量**。

嗯⋯⋯**常數**是固定的數吧？

各種材料的波松比 v：

・通常 v 會小於 0.5。
・許多**金屬**的 v 約是 0.3。
・**橡膠**的 v 大於 0.4。
・**軟木**的 v 接近 0。

沒錯！v 與材料的大小、形狀無關，每種材料都有固定的值。

每種材料都有固定的波松比，相當有趣。

金屬　軟木
橡膠
木材

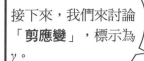
接下來，我們來討論「**剪應變**」，標示為 γ。

剪應變 γ

嗯，剪應變有「剪」字，應該與**剪力**（切斷荷重）有關吧？

剪力

變形前 ➡ 變形後

沒錯！因為剪力作用，長方形會變成**平行四邊形**。

剪應變可以用下列公式來表示。

剪力帶來的位移力

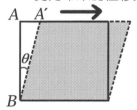

$$剪應變\ \gamma = \frac{AA'\ (位移)}{AB\ (長度)}$$

嗯，用**位移量**除以長度。

這是指「**AB 單位長度的位移量**」吧？

你們懂了！不過，可以用更簡單的方式來表示喔！

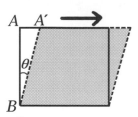

左圖的……

剪應變 γ = 角度 θ

※這裡以變形程度小，θ 為微小量作為前提條件。

請看！

喔！
很簡單啊！

變得簡單
明瞭呢！

由圖可知，這是用**角度變化來表示應變**。

這個角度用「**弧度法**」（radian）來表示。

弧度法？
radian？

弧度法是用**圓周率 π 來表示角度的方法**，例如：90° = π/2

用弧度法運算，非常方便。

弧度 〔rad〕	$\frac{\pi}{6}$	$\frac{\pi}{4}$	$\frac{\pi}{3}$	$\frac{\pi}{2}$	π	2π
角度 〔°〕	30	45	60	90	180	360

角度與弧度的對應關係

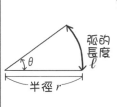

求「弧的長度」
· 使用角度 θ〔°〕的公式
$$l = 2\pi r \times \frac{\theta}{360}$$
· 使用角度 θ〔rad〕的公式
$$l = r\theta$$ 好輕鬆！

哇！計算變得好簡單，感激不盡啊！

這方法讓計算變簡單，我要學起來！

呵呵，學會應變的公式，接下來要實踐！

我們用應變的公式解題吧！

什麼？

現在嗎？

即使我很活潑，買完東西還是有點累……

你們在說什麼？公式是好工具，必須學會！

NONO 若得到一件漂亮的家具，會想快點擺出來吧？西本同學若買到書，會想快點讀吧？

同樣道理，學會公式要馬上用來解題啊！

尾瀨會長是「微笑的斯巴達」……

我同意妳的說法……

2 用應變了解變形

➡ 扭轉變形與剪應變的關係

到目前為止，我們學了許多應變公式。
接下來，請運用這些公式，探討「**扭轉變形的應變**」。在
尾瀨會長的字典中，好像沒有休息二字呢～

扭轉變形像擰抹布（參考P.42）。
此概念看似不簡單，我們一起來學習吧！

....

　　請看「**扭轉變形的剪應變**」問題。我們先來了解扭轉變形造成的「**扭
轉**」。

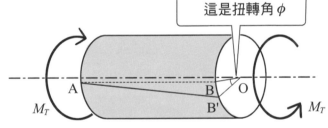

這是扭轉角 ϕ

　　扭力矩 M_T 作用於桿件，會使桿件產生扭轉變形。（M_T，即 Twisting
Moment）。

　　如上圖所示，直線AB扭轉變形成AB'。以桿件中心點O為起點的半徑，
從OB移動至OB'，$\angle BOB'$稱為「**扭轉角**」。本書將用符號 ϕ 表示扭轉角，
用**弧度**表示旋轉角。

原來如此。我們已學過弧度，現在又認識了扭轉角！
很簡單呢～

接下來會變得較複雜，請注意。在上頁的圖中，我們考慮的情況只有一條直線 AB，接著我們來探討 **AB**、**CD** 這兩條直線吧。

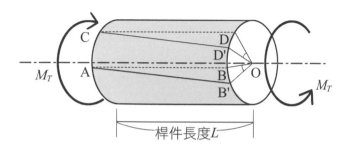

假設長度 L 的桿件產生扭轉變形。

直線AB與CD扭轉變形成AB'和CD'，$\angle BOB'$與$\angle DOD'$變成扭轉角ϕ。

從側面看這個桿件，畫成平面，會如下圖所示。

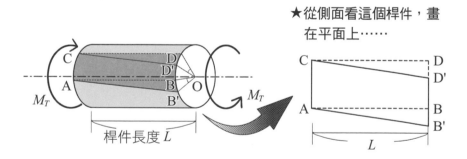

★從側面看這個桿件，畫在平面上……

　　長方形產生位移，變成平行四邊形的情況真是似曾相識……對了！這是剪力造成的變形。

　　我們用這張剪切變形圖來求剪應變γ吧。

啊！我看過這張剪切變形圖（參考 P.101）。要了解桿件的「扭轉變形」，只需注意桿件表面所產生的「剪應變」！這真是不容忽視的重點。

若能理解前述步驟，後面的內容便不難理解。接著，我們來探討半徑為 r（$r<$ 直徑 $D/2$）的桿件表面。

若半徑 r 產生變化，剪應變 γ 將有何變化？

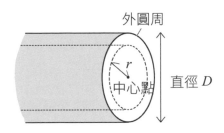

外圓周

r

中心點

直徑 D

半徑 r 越小，距離中心點越近；半徑 r 越大，距離外圓周越近。

寫出**半徑 r 與剪應變 γ 的關係式**，我們便能知道剪應變 γ 如何隨半徑 r 變化。

我們用跟剛才一樣的步驟，來探討這個問題。

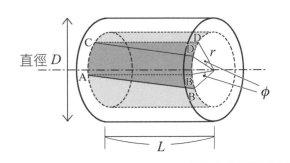

圖1　扭轉的桿件產生扭轉變形

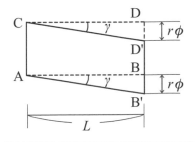

圖2　桿件側面示意圖

請看圖1。

直線 AB 扭轉變形成 AB'，以符號 ϕ 表示扭轉角，根據「**圓弧＝半徑×角度（rad）**」，$\overgroup{BB'}$ 的長度變成 $r\phi$（圓弧公式請參考 P.02）。

接著請看上頁的圖 2。根據剪應變公式（參考 P.101），此剪應變可以用以下公式表示。

$$\gamma = \frac{r\phi}{L} = r\omega$$

此公式的 ω 表示桿件單位長度的扭轉角，是稱為**扭轉率**的物理量，可寫成 $\omega = \phi/L$。

扭轉問題套入**扭轉率**，算式會變得簡單易懂。

之後我們還會用到扭轉率，請牢記（參考 P.147）。

扭轉率 ω 是桿件單位長度的位移量，可以用來表示桿件的半徑 r，與剪應變 γ 的關係式。

用這個公式可以算出，與桿件中心點的距離為 r 的地方，所產生的剪應變。

由此計算可知，桿件中心點的剪應變 γ 為零，而他處的剪應變 γ，會根據此點與中心點的距離，按照比例增大，桿件表面（位於圓周上）的剪應變 γ，會達到最大值 $D_{\omega/2}$。

此即**扭轉應變**的**剪應變特徵**。

現在我們要用應變公式探討「彎曲變形的應變」。

彎曲變形的物體像香蕉一樣彎曲。
這個概念有點困難，怎麼辦呢……

. . . .

　　我們來探討彎曲變形所產生的正應變。假設彎曲力矩 M_B 作用於直徑 D，長度L的桿件，使桿件彎曲變形（M_B，即彎曲力矩Bending Moment）。

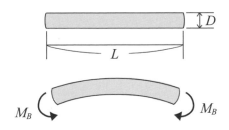

　　彎曲作用會使桿件彎成弧狀。上圖的桿件呈向上凸起的弧狀，由圖可知，桿件的上半側伸長，下半側縮短。

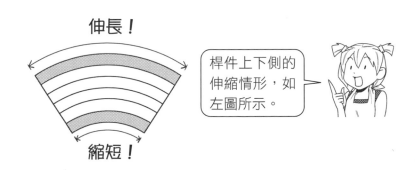

伸長！

縮短！

桿件上下側的伸縮情形，如左圖所示。

接著，我們將從側面看的桿件繪製成圖，以ABCD四個端點來思考。

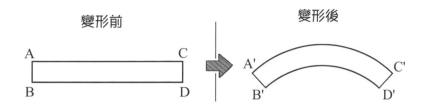

變形前　　　　　　　　　　　變形後

彎曲變形使ABCD成為A'B'C'D'。直線AC伸長為圓弧A'C'，直線BD縮短為圓弧 B'D'。根據上圖，假定 A'B'、C'D'垂直於桿件的中心軸並保持直線。

我們根據直線 AB 來看變形狀態吧。直線 AB 的 A 點向外伸，B 點向內縮，由此可知，**A點和B點之間有一個點，不會伸縮，不會移動位置。**
直線 CD 上的所有截面，都可以用此方法思考。因此，將 AB 至 CD 所有截面上不會伸縮、移動位置的點連結起來，會形成直線MN，而直線MN會彎曲變形成圓弧M'N'。

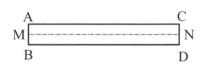

直線MN與圓弧M'N' 的長度不會改變。
我們將含有「長度不變的線」的面，稱為「**中立面**」。
圓弧M'N' 位在中立面上。

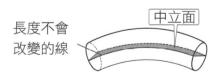

中立面

長度不會
改變的線

認識、運用**中立面**，是很重要的！後面的問題會用到中立面，要記得喔。

接著，請用**距離**y表示，從直線MN或圓弧M'N'到桿件任意點的距離。如果距離y變化，正應變ε會如何變化？

假設任意點位於直線MN上方，它與直線MN的距離y為正值（$y > 0$），反之，任意點位於直線MN下方，距離y為負值（$y < 0$）。

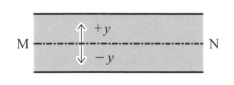
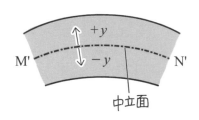

中立面

> 距離y是「任意點到桿件**中立面**的距離」。y值越小，任意點離中立面越近；y值越大，任意點離桿件的上方表面或下方表面越近。寫出**距離**y與**正應變**ε的關係式，能了解正應變ε如何隨距離y變化。

此外，請假設圓弧M'N'的**曲率半徑**為R。曲率半徑「將物體彎曲的部分視為圓的一部分，以此圓的半徑，表示物體的彎曲程度」。

為什麼要假定「**圓弧M'N'的曲率半徑為**R」？

請看下圖，圓弧以「**圓弧＝半徑×角度（rad）**」來表示。

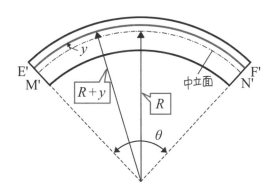

圓弧**M'N'**的長度為**$R\theta$**。y處的圓弧長度（圓弧E'F'）為（$R + y$）θ。

請看下圖，雖然直線 MN 變為圓弧 M'N'，但因為位於中立面，所以長度沒有變化，亦即MN = M'N'。

因此，MN（變形前的長度）=M'N' = $R\theta$ ，公式成立。

此外，變形前的直線 EF 與 MN 長度相等，即EF= MN。

亦即，y 位置**變形前的長度 $R\theta$**，經過變形，會伸縮為 **$(R+Y)\theta$**。

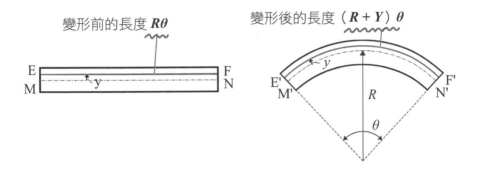

變形前的長度 $R\theta$

變形後的長度 $(R+Y)\theta$

E ⌐ ¬ F
M └ ┘ N

E'   F'
M'   N'
R
θ

根據正應變公式（參考P.99），此時的縱向應變如下：

$$縱向應變\ \varepsilon = \frac{(R+y)\theta - R\theta}{R\theta} = \frac{y}{R}$$

變形量是變形前後的長度差。
這個公式是**距離 y 與正應變 ε 的關係式**。

我們用更簡潔的方法來表示這個公式吧。

套用 $k = 1/R$，能將公式寫成：

$$\varepsilon = \frac{y}{R} = \kappa y$$

κ 是 **R 的倒數**，稱作「**曲率**」。曲率半徑 R 或曲率 κ，是表示物體的彎曲程度。

彎曲問題用**曲率 κ** 來表示彎曲變形，算式會變得簡單易懂，請記住（參考 P.146）。

我們用這個公式來計算，任意點到桿件中立面的距離 y，與截面正應變的關係吧。

由計算可知，中立面的正應變為零。

任意點離中立面的距離變遠，正應變會按比例變大，桿件上方表面的正應變是最大值 $D\kappa/2$，桿件下方表面的正應變是最小值 $-D\kappa/2$。

亦即，上方表面會產生拉伸狀態的正應變 $D\kappa/2$，下方表面則會產生壓縮狀態的正應變 $D\kappa/2$。

這是**彎曲變形所產生的正應變特徵**。

曲率還能表示其他關係，請好好吸收今日所學。

第3章探討桿件扭轉變形的「**剪應變問題**」，以及桿件彎曲變形的「**正應變問題**」。

此外，還有桿件扭轉變形的「**扭力矩和剪應力的關係**」、「**扭轉率**」，以及能夠表現桿件彎曲變形的「**彎曲力矩和正應力的關係**」、「**曲率**」，在等待我們去探索。

這些問題我們留待第 5 章再處理吧。

扭 轉 變 形	彎 曲 變 形
·剪應變 $$\gamma = r\omega$$ $$\left(= \frac{r\phi}{L} \right)$$	·正應變 $$\varepsilon = \kappa y$$ $$\left(= \frac{y}{R} \right)$$

今天就學到這邊吧！

第 5 章

·扭力矩與剪應力的關係 ·扭轉率	·彎曲力矩與正應力的關係 ·曲率

呼⋯⋯今天我們不只努力購物，更努力學習呢～

辛苦囉！

咦？西本同學要去哪兒？

嚇一跳

我、我還要順便去一個地方⋯⋯

再會！

嗯？

偷偷摸摸

我心須潛入學校，把這些書擺進社團活動室……

如果我把這些書帶回家，肯定會挨罵！

又買這麼多書回來！地板要壞啦！

母

嘿嘿……為了我心愛的書，

我一定要完成這項任務……

迅速

唉唷！是警衛！

不行，穿便服會被當成可疑人士！我得繞路。

這邊有老師！

啊！這邊也有！

115

116

第4章

材料強度和力學性質

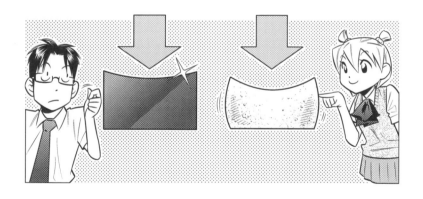

1 力與變形成正比

➡ 製作不易損毀的物品（材料的力學性質）

昨天我發現的那間教室到底是做什麼用的呢？

既然有空教室，我們為何要共用教室？

不對！最重要的是！

那間空教室可以擺幾十本……不對！是幾百本書啊！

那是位於學校的私人書庫啊！

我的夢想要實現啦！

喂！西本同學有在聽嗎？

你一直傻笑，很可怕耶～

啊，不好意思！

今天我們要學「材料的力學性質」。

嗯？

那是什麼？

我們的生活中充斥著各式各樣的材料。

價格高低？

輕或重？

有鐵、塑膠、木材等……

容易生鏽？不易生鏽？

沒錯，這些材料都有不同的特性，在材料力學中，最重要的是「力學性質」。

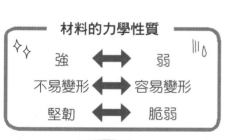

材料的力學性質

強 ⬅➡ 弱

不易變形 ⬅➡ 容易變形

堅韌 ⬅➡ 脆弱

此外，上次跟你們說的「應力」與「應變」也相當重要。

應力

應變

其實「應力與應變的關係」就是「材料的力學性質」！

啊，這些的確是製作「不易損壞之物品」的重要特性。

119

嗯……這是什麼意思？

首先，請回想**虎克定律**。

虎克定律

力＝彈性係數×伸縮長度

※虎克定律的解說請參考 P.52

嗯……**彈簧的伸縮長度與所受的力成正比。**

Q 彈～

虎克定律雖是定律，但是不難呀！

施力越大，彈簧的變形程度越大，這是理所當然的！

不只是彈簧，**有些材料也一樣。**
不管是桿件、橡膠、金屬，材料受力越大，變形程度便越大。

虎克定律代表一個大原則：大部分材料的「**力與變形程度成正比**」！

受力大

受力小

請回想力與應力、變形與應變的對應。

力
應力

對應！

變形
應變

我還記得！

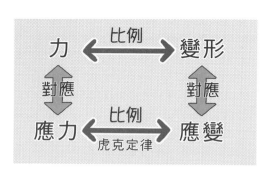

我們將「**應力與應變**」成正比，稱作虎克定律。

根據「**正應力與正應變**」、「**剪應力與剪應變**」的關係，以下公式成立。

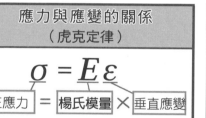

應力與應變的關係
（虎克定律）

$$\sigma = E\varepsilon$$

正應力 ＝ 楊氏模量 × 垂直應變

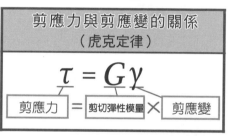

剪應力與剪應變的關係
（虎克定律）

$$\tau = G\gamma$$

剪應力 ＝ 剪切彈性模量 × 剪應變

喔！這是**應力與應變成正比**的公式！

呃，有我沒聽過的名詞。

「楊氏模量」和「剪切彈性模量」，聽起來很難……

我依序解說這些公式及名詞吧！

➡️ 正應力和正應變的關係（楊氏模量）

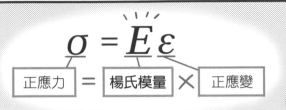

$$\sigma = E\varepsilon$$

| 正應力 | = | 楊氏模量 | × | 正應變 |

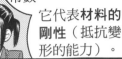

首先，E 稱作「**楊氏模量**」或「**縱向彈性模量**」，是代表材料固定性質的常數。

它代表**材料的剛性**（抵抗變形的能力）。

楊氏模量越大，材料越不容易變形嗎？

正是如此！下面是「**工業材料的楊氏模量比較**」。

工業材料的 **楊 氏 模 量**

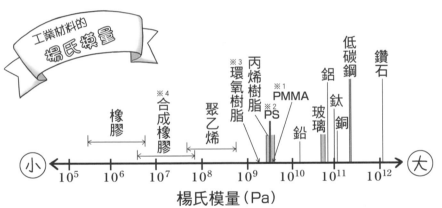

橡膠　合成橡膠[※4]　聚乙烯　環氧樹脂[※3]　丙烯樹脂　PMMA[※1]　PS[※2]　鉛　玻璃　銅　鈦　鋁　低碳鋼　鑽石

小 ← 10^5　10^6　10^7　10^8　10^9　10^{10}　10^{11}　10^{12} → 大

楊氏模量（Pa）

※1　PMMA 是丙烯樹脂的一種，有時用於硬式隱形眼鏡。
※2　PS 是聚苯乙烯，用於製作 CD 盒。
※3　環氧樹脂是常被當作黏著材料的塑膠類產物。
※4　合成橡膠是彈性變形較大的高分子材料。

喔！我知道！鑽石不易變形，橡膠很容易變形。

我是橡膠嗎？

比較一下材料的楊氏模量，剛性便一目了然！

我們來看
具體數值
吧……

低碳鋼的楊氏模量為
200GPa（十億帕），低
碳鋼是我們俗稱的鐵。

鋁製合金的楊氏模
量約為 70GPa。

這代表鋁比鐵容易
變形，易變形程度
約是鐵的三倍吧？

※楊氏模量的單位將在 P.128 介紹

塑膠類材料比金屬
材料容易變形，楊
氏模量為金屬材料
的 1/10～1/100。

橡膠的楊氏模量是塑
膠類材料的 1/100，
數值，反映橡膠非常
容易變形。

好有趣～雖然鐵堅
硬、結實，但有很多
東西都用橡膠製作。

必須了解材料的特
性，使用適合的材
料製作物品。

我們來看圖表吧。
將**應力與應變的關
係**繪成圖表，會像
這樣。

喔，真的呈正
比關係！

斜線為「楊
氏模量」

應變 ε

↑應力與應變成正比

「**斜線為楊氏
模量**」是什麼
意思？

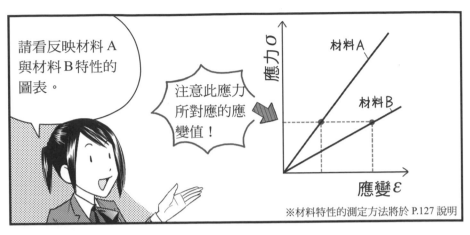

請看反映材料 A 與材料 B 特性的圖表。

注意此應力所對應的應變值！

※材料特性的測定方法將於 P.127 說明

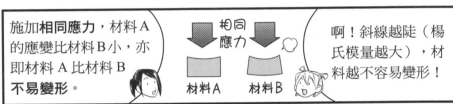

施加**相同應力**，材料 A 的應變比材料 B 小，亦即材料 A 比材料 B **不易變形**。

相同應力

材料A　材料B

啊！斜線越陡（楊氏模量越大），材料越不容易變形！

嗯，我了解一開始那句話的意思了……

「應力與應變的關係」就是「材料的力學性質」。

正是如此！很簡單吧？

剪應力和剪應變的關係（剪切彈性模量）

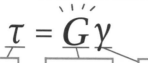

$$\tau = G\gamma$$

剪應力 ＝ 剪切彈性模量 × 剪應變

G 稱作「**剪切彈性模量**」或「**剪切彈性係數**」，是表示材料固有特性的常數。

你們要好好記起來。

噗

妳怎麼了？

NONO
不行了……

剛剛學「代表楊氏模量（縱向彈性模量）的 E」，現在又跑出「代表剪切彈性模量（剪切彈性係數）的 G」，加上昨天學的「波松比 ν」（參考 P.100），**材料固有特性的常數**也太多了吧！

我好混亂！好複雜！

啊～我了解妳的感受～

這的確有點複雜。

我們來整理這三者的關係吧。

測量材料特性的方法

今天我們學的**楊氏模量**，是表示材料固有特性的**常數**。
該如何求它的數值呢？

一般多用**桿件拉伸試驗**，來探測材料特性。
我們必需用「拉伸試驗機」來拉伸金屬等材料。

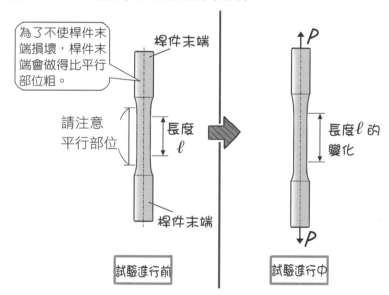

用拉伸試驗機拉伸此種形狀的「試片桿件」。

此時，拉伸力以及「桿件平行部位的伸長長度，除以平行部位長度，得到的正應變（縱向應變）ε」、「桿件直徑方向的正應變（橫向應變）ε'」，同時測量。

此外，用拉伸力除以平行部位的截面積，能夠求得應力。

下圖表示應力、橫向應變與縱向應變的關係。

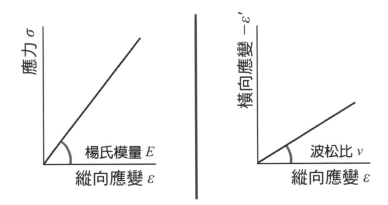

我們可以透過此圖的斜率得出「**楊氏模量**」與「**波松比**」。只需進行一次試驗，即能得出楊氏模量與波松比！

我順便解釋**楊氏模量的單位**吧。楊氏模量的單位是 **Pa**（帕斯卡，簡稱「帕」），但實際應用多採 **GPa**（十億帕），測量柔軟材料也會用到 **MPa**（百萬帕）。G（giga）＝ 10^9 ＝ 1000,000,000，想進一步了解G請參考 P.216 的附錄。

鐵的楊氏模量為 **200GPa**，代表使鐵產生 **100%** 的應變（讓長度變成兩倍），需在每 **1m²** 的面積施加 **2000 億〔N〕**（約 **2000 萬噸**）的力。

實際上，一般材料的應變都不超過 1%，頂多到幾%，應變超過這個程度，繼續施力，應力將不再增加，直接損壞材料結構。

在長度到達兩倍之前，力與伸縮程度不一定成正比，而且截面積 1m² 的鐵棒令人難以想像，因此，這只是數學的表現方式。

2 材料的支撐力有極限

➡ 到達極限（破壞斷裂）

我有問題！材料受力越大，變形程度越大……但變形程度沒有極限嗎？

材料受過大力量拉扯，好像會壞掉耶！

這是一個好問題。我正要跟你們講！

拉伸材料，使材料**變形**至**破壞斷裂**的過程。

破壞斷裂？

談判破裂！

妳想到別的地方去了！

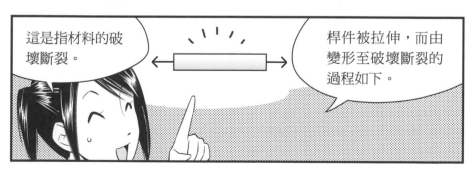

這是指材料的破壞斷裂。

桿件被拉伸，而由變形至破壞斷裂的過程如下。

129

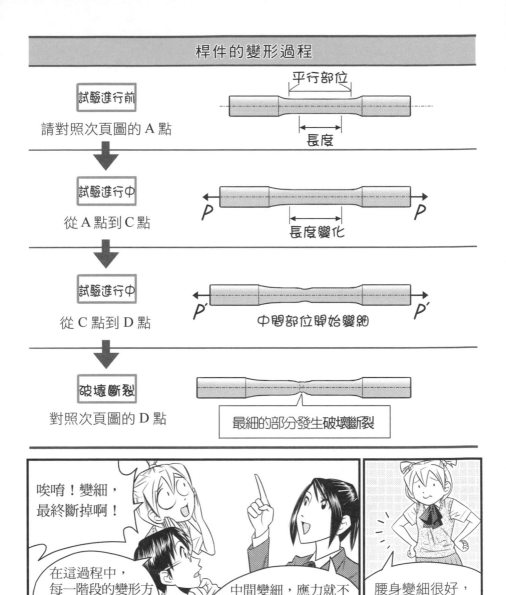

※材料中間變細，截面會變小，材料局部產生的應力與應變會變大，但作用於整體桿件的力不會增加。
　材料中間部位越細，變細部位的應力就越大，而截面變小的速度會加快，因此，能夠支撐桿件的力
　量會減小，最後使材料破壞斷裂。

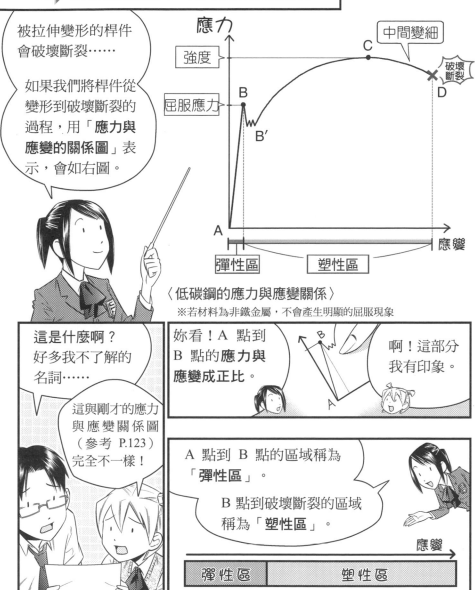

能否恢復原狀？（彈性區和塑性區）

被拉伸變形的桿件會破壞斷裂……

如果我們將桿件從變形到破壞斷裂的過程，用「**應力與應變的關係圖**」表示，會如右圖。

應力

強度

屈服應力

B

B′

C

中間變細

破壞斷裂

D

A

應變

彈性區

塑性區

〈低碳鋼的應力與應變關係〉

※若材料為非鐵金屬，不會產生明顯的屈服現象

這是什麼啊？好多我不了解的名詞……

這與剛才的應力與應變關係圖（參考 P.123）完全不一樣！

妳看！A 點到 B 點的**應力與應變成正比**。

啊！這部分我有印象。

A 點到 B 點的區域稱為「**彈性區**」。

B 點到破壞斷裂的區域稱為「**塑性區**」。

應變

彈性區

塑性區

男性……起死回生※……

不是那個意思啦！

我活過來啦！

以迴紋針為例，用手對迴紋針輕微施力，手挪開，迴紋針會**恢復原狀**。

但對迴紋針施加太大的力，產生變形，即使卸除力量，迴紋針也**不會完全恢復原狀**。

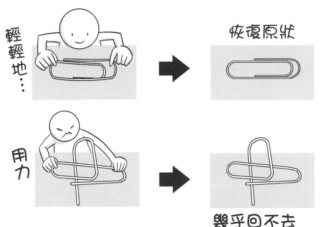

輕輕地…

恢復原狀

用力

幾乎回不去（只恢復一點點）

力量卸除的狀態，稱作「**卸除載重**」，卸除載重仍保持原狀的變形，稱作「**永久變形（永久應變）**」。

喔！物體有「能恢復原狀」以及「不能恢復原狀」的應變！

沒錯！能恢復原狀的應變屬於「**彈性區**」，不能恢復原狀的是應變屬於「**塑性區**」。

嗚⋯⋯我覺得塑性區好慘⋯⋯
我聽見它哭喊：「我恢復不了原狀～」

NONO，妳想錯囉！

我們將材料變形而不能恢復原狀的現象，稱作「**塑性現象**」⋯⋯製作汽車車身即是利用這種塑性現象，塑造車身的形狀。

★ 金屬板

★ 塑造成車子的形狀！

人們利用塑性現象塑造各種物體形狀。

塑性是物品設計不可或缺的要素！

➡ 設計的基準（屈服與強度）

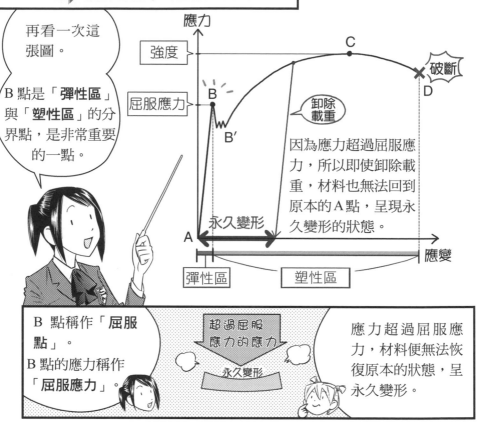

再看一次這張圖。

B 點是「**彈性區**」與「**塑性區**」的分界點，是非常重要的一點。

應力

強度

C

屈服應力

B

B'

卸除載重

破斷

D

因為應力超過屈服應力，所以即使卸除載重，材料也無法回到原本的A點，呈現永久變形的狀態。

永久變形

A

應變

彈性區

塑性區

B 點稱作「**屈服點**」。

B 點的應力稱作「**屈服應力**」。

超過屈服應力的應力

永久變形

應力超過屈服應力，材料便無法恢復原本的狀態，呈永久變形。

正是如此。另外，此圖中應力最強的C 點稱為「**強度**」。

如果應力超過「強度」，材料會**無法支撐此力量**，導致材料損壞。

超過強度的應力

對設計物品而言，「**屈服應力**」與「**強度**」非常重要。

我懂了！

3　具有韌性的材料與具有脆性的材料

➡ 韌性與脆性（延性材料以及脆性材料）

 我來講解「**延性材料**」與「**脆性材料**」作為今天的結尾吧。

 延性、脆性？是延展的「延」、脆弱的「脆」嗎？

 沒錯，請你們想像自己正在烤糬糯、煎餅。對糬糯施力，糬糯會先拉長再從中間斷開，但對煎餅施力，煎餅幾乎不會變形，而是立刻斷裂，對吧？

 糬糯和煎餅⋯⋯確實是這樣。

 延性材料和脆性材料的差別與此相同。
低碳鋼、鋁合金、銅等多數金屬，都屬於**延性材料**。
這些材料在破壞斷裂之前，會產生塑性變形。

另一方面，**鑄造金屬、玻璃、陶瓷**等材料則為**脆性材料**。這些材料不會產生塑性變形，會突然斷裂。
脆性材料包含不會產生塑性變形，會直接破壞斷裂的材料，以及塑性變形小的材料。

原來如此……我用力掰彎的**湯匙**，是延性材料的**塑性變形**啊。

 嗯，我曾因手滑打破陶瓷茶碗，當時茶碗瞬間破掉是因為**脆性材料不會產生塑性變形**啊。

 你們好會破壞東西……但是金屬湯匙和瓷器的確是很好的例子。

延性材料 脆性材料

透過西本同學瞬間破掉的陶瓷茶碗，我們發現「**脆性材料有傷痕，或對脆性材料施加衝擊載重，會使脆性材料輕易毀壞**」，因此，這類材料不能用於需要承受力量的地方。

對陶瓷等材料輕輕施力，陶瓷會產生強大的支撐力，但用石頭敲擊陶瓷，會使它輕易破碎。

 嗯！我明白。
我曾打破玻璃杯和花瓶，不只一兩次……

 總而言之，製造**需要強大支撐力的構件**時，這些特性都是**選擇材料的重要依據**，請牢記。

今天辛苦了！
我先走囉！

我覺得最近西本同學很奇怪。

……

嗯，這裡滿是灰塵，似乎有幽靈出沒，不過反正我不信鬼神！

為什麼這間教室沒有被使用呢？雖然我不知道廢棄的原因，但我要使用這間教室！

偷偷在這間教室放書吧！

西本同學……

137

尾、尾瀨會長！

不是這樣！
我是有原因的！

我不是想把空教室
占為己有，我只是
想有效利用日本有
限的土地及空間！

是嗎？還是被
你發現啦！

咦？她好
像沒有很
生氣。

詳細情況我明天
再跟你說明，因
為我需要一點準
備時間。

等一下！

這到底是怎
麼一回事？

第5章

應力的計算方式

我們今天繼續學習材料力學……但上完課，我有件重要的事想跟你們說。

我有東西想要給你們……

難道！
會長要在我的面前把情書交給他？

終於來啦！
收到尾瀬會長的信真可怕……

退出社團教室勸告書

討厭，不是你們想的那種東西啦。

嗯……說來話長，詳情還是留待之後說明吧。

先來談材料力學吧！
今天要學的是應力的
計算方法。

計算啊……
好像很麻煩。

喂，你學過材料力學，
應該明白「應力」的重
要吧？

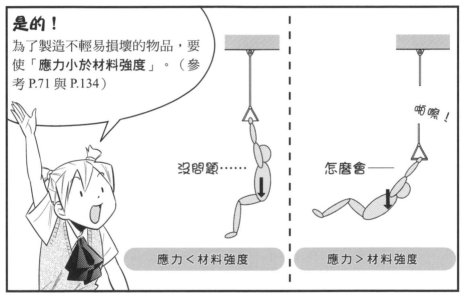

是的！
為了製造不輕易損壞的物品，要
使「**應力小於材料強度**」。（參
考 P.71 與 P.134）

沒問題……

咕嚓！

怎麼會——

應力＜材料強度

應力＞材料強度

正是如此！為了製造
安全的物品，應力的
計算非常重要！

接下來，我們依序學習
應力計算的基礎──拉
伸、壓縮、扭轉、彎曲
等應力吧！

1 桿件的拉伸與壓縮問題

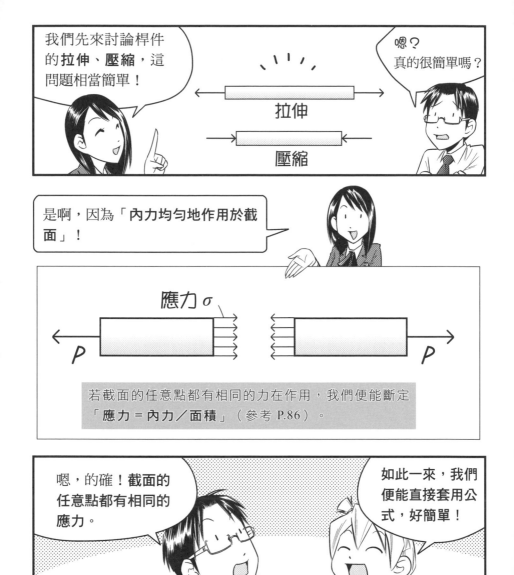

我們先來討論桿件的**拉伸**、**壓縮**，這問題相當簡單！

拉伸

壓縮

嗯？真的很簡單嗎？

是啊，因為「**內力均勻地作用於截面**」！

應力 σ

P

P

若截面的任意點都有相同的力在作用，我們便能斷定「**應力＝內力／面積**」（參考 P.86）。

嗯，的確！截面的任意點都有相同的應力。

如此一來，我們便能直接套用公式，好簡單！

➡ 拉伸荷重與正應力的關係、伸長量的計算

我們先討論桿件的拉伸與壓縮。
請先複習前面學過的公式吧！

計算桿件拉伸變形的「**拉伸荷重和正應力的關係**」與「**伸長量（變形量）**」！

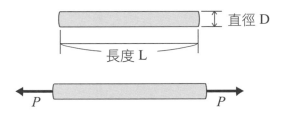

直徑 D

長度 L

P　　　　P

請看上圖，用荷重 P 去拉伸直徑 D，長度 L 的桿件兩端，此時桿件的伸長量是多少？我們來計算吧！

用希臘字母 λ 表示**桿件的伸長量**，並套用第 3 章的公式（參考P.99），便能將**正應變** ε 表示成──

$$\varepsilon = \frac{\lambda}{L} \quad \cdots\cdots\cdots\text{①}$$

另外，假設桿件的楊氏模量為 E，如第 4 章（P.121）所示，桿件的正**應力** σ 可表示成──

$$\sigma = E\varepsilon \quad \cdots\cdots\cdots\text{②}$$

請複習這兩個公式，之後的計算都會用到它們。

143

接下來，請思考拉伸荷重 P 與正應力 σ 的關係。假設內力均勻地作用於直徑 D 的桿件截面，根據第 2 章的公式（P.72），以下關係式成立。

此關係式表示「**拉伸荷重 P 與正應力 σ 的關係**」。

$$\sigma = \frac{P}{A} = \frac{P}{\pi D^2 / 4} \quad \cdots\cdots\cdots ③$$

喔！因為截面的任意點都有**相同的力**在作用，所以可以使用「**應力＝內力／面積**」的公式。

沒錯！因為圓面積＝圓周率×半徑平方，所以**截面積 A = $\pi \times$（直徑 D/2）^{2} = $\pi D^2/4$**。

順帶一提，截面內力分布不均勻（如下圖）的應力，會與內力均勻作用於截面的情況不同，此截面「**各處的應力不同**」。

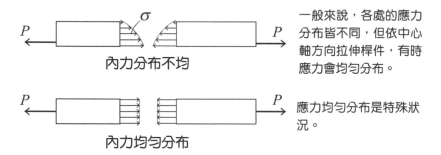

一般來說，各處的應力分布皆不同，但依中心軸方向拉伸桿件，有時應力會均勻分布。

應力均勻分布是特殊狀況。

內力分布不均

內力均勻分布

哇！各處的應力不同，處理起來很麻煩，幸好這次問題的應力均勻分布。

言歸正傳，我們繼續探討「伸長量 λ（變形量）」的相關問題吧。根據公式①、②、③，可以得出下頁的公式。

$$\frac{P}{\pi D^2 / 4} = E \frac{\lambda}{L}$$

求上方公式的 λ 值，可以得到以下公式。這是表示**伸長量 λ** 的公式。

$$\lambda = \frac{P \times L}{E \times \pi D^2 / 4} = \frac{4PL}{\pi E D^2} \quad \cdots\cdots\cdots\cdots ④$$

你們看，這是表示伸長量 λ 的公式。解開此公式，可求得 λ 值，非常簡單！

若有拉伸荷重 P、楊氏模量 E、桿件直徑 D 等數值，便能利用此公式計算**伸長量 λ**。

此外，這個公式表示「**伸長量與拉伸荷重 P、桿件長度 L 成正比；伸長量與楊氏模量 E、桿件截面積 $\pi D^2/4$ 成反比**」。

嗯……拉伸力越大或桿件越長，伸長量越大；材料越難變形或桿件越粗，伸長量越小。

此外，如果是**壓縮荷重**作用於桿件，我們只需把公式④的 P 換成 $-P$ 即可。此時，**伸長量為負值，代表桿件收縮**。

正負號能表示桿件的狀態，數學公式真方便！

沒錯！數學公式使人明白拉伸變形與桿件尺寸的關係，即**定量**表示。專家也認同「**數學公式的表示法，清晰易懂**」，用數學公式來表示各事物的關係是相當重要的。

2 桿件的扭轉問題

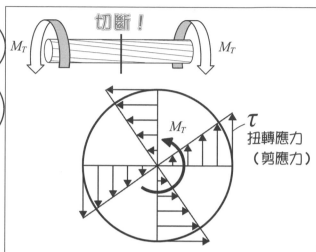

接著來討論桿件的**扭轉變形**。請看這張圖！

這張圖顯示桿件扭轉變形的「應力分布」。

扭轉應力
（剪應力）

桿件扭轉變形，會產生剪應力，這些位於截面的剪應力稱為「扭轉應力」。
我們能用學過的公式，畫出這張應力分布圖。（請參考 P.148）

哇！
各處的應力都不同！

任意點的扭轉應力（剪應力）和「**此點與中心的距離**」**成正比**，而且離中心越遠，應力越大。

應力分布不均會使計算變複雜。

我們深入探討吧！

接著，我們探討**桿件扭轉**的問題。尾瀨會長表示：
「**應力分布不均會使計算變複雜。**」

此時，我們必須考量微小面積。
這有點困難，我們一起加油吧！

請探討桿件**扭轉變形**的「**扭力矩與剪應力的關係**」、「**扭轉角**」。

我們曾探討桿件的扭轉變形（參考第 3 章 P.104），與接下來的問題有關，請各位將第 3 章複習一遍。

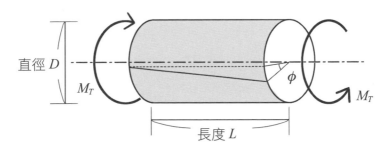

直徑 D

M_T ϕ M_T

長度 L

如上圖所示，當我們對直徑 D，長度 L 的桿件施加扭力矩 M_T，使桿件扭轉，扭轉角 ϕ 是幾度？我們來計算吧！

我先列出**之前學過的兩個公式**，之後的計算我們會用到這兩個公式。用扭轉率 ω（單位長度的扭轉角 ϕ/L）表示任意點（此點與桿件中心軸的距離為 r）的剪應變 γ，公式如下。

$$\gamma = r\phi/L \quad \text{亦即} \quad \gamma = \omega r \quad \cdots\cdots⑤$$

假設桿件的剪切彈性模量為 G，因為**剪應力** $\tau = G\gamma$（參考 P.121），所以下列關係式成立。

$$\tau = G\gamma = G\omega r \quad \cdots\cdots\cdots ⑥$$

請看公式⑥！
此公式為剪應力與距離的關係式。我根據此公式繪製一開始給你們看的「**桿件扭轉應力分布圖**」。

噢！憑我們之前學過的知識，便能畫出那張扭轉應力分布圖啊。我們真的學了不少知識呢！

時間差不多了，接下來我們思考「**扭力矩 M_T 與剪應力 τ 的關係**」吧。如公式⑥所示，**扭轉應力（剪應力）的變形量與半徑 r 成正比**。

如下圖所示，根據公式⑥可知，桿件的扭轉應力分布。

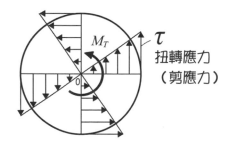

CHECK!
中心點的扭轉應力（剪應力）為零；而任意點的扭轉應力與此點到中心點的距離成正比，距離中心點越遠，扭轉應力越大，因此位於外圓周的扭轉應力最大。此外，應力順著圓周方向（垂直於半徑的方向）作用。

如何？你們知道應力的數值會隨地點而改變了吧。

因為這使用到數學公式，且需根據不同的應力值來求扭力矩，所以看起來很麻煩，但請勿焦躁不安，好好思考吧。

現在我們要探討的是**扭力矩** M_T **與剪應力** τ **的關係**……拉伸問題只需將「拉伸荷重 P 與正應力 σ 的關係」代入「**應力＝內力／面積**」，非常簡單，但是這次的問題有點難。

其實這個問題也會用到「**應力＝內力／面積**」，但在使用上需要一些訣竅，之前我講解過**微小面積**吧？（第 2 章 P. 89）接下來，我們將運用這些微小面積來計算。

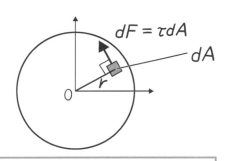

$dF = \tau dA$

dA

作用於桿件截面的剪應力

首先，如上圖所示，我們來思考作用於**微小面積** dA（與桿件截面中心點的距離為 r）的**力** dF。

這邊提到的 d 與 Δ 完全相同，經常用於表示非常小的量。**面積越小，應力變化越小，因此「力＝應力×面積」**。

原來如此！如果面積極小，便可將微小面積各處的應力當成一樣大。如此一來，即可套入公式。

此外，利用公式⑤與⑥，可以將 dF 表示為以下公式。

$$dF = \tau \times dA = G\gamma \times dA = G\omega r dA \quad \cdots\cdots\text{⑦}$$

上述公式表示作用於微小面積的「**微小力** dF」。接下來，我們來看這個微小力產生的力矩。

我們來探討力矩吧。因為「力矩＝力×力臂長」，所以「微小力 dF」作用於桿件中心點的「微力矩」，是力 dF 與力臂 r 的乘積。

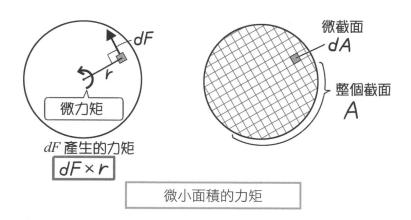

dF 產生的力矩

$$dF \times r$$

微小面積的力矩

將整個截面的「微力矩」相加，所得的值是剪應力作用於中心點 O 的力矩（內力）。

整個截面上充滿微力矩……這些微力矩的大小皆不同，但是把它們全部相加，能得出作用於整個截面的力矩。

咦？我知道「**要將微力矩納入考慮，且相加**」……但是該如何進行加法運算呢？將一個一個微力矩加起來，太費工了吧！

好！輪到**積分**登場！繼續看下去吧！

我們可以用積分將「整個截面的力矩相加」。積分能「**統整分割得很小的事物**」，經常用來求物體的體積與面積。

即便你不擅長積分運算，也得了解什麼是「整個截面的力矩相加」。

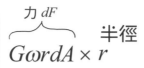

微小面積
的力矩

$$\overbrace{G\omega r dA}^{\text{力 } dF} \times \overset{\text{半徑}}{r}$$

整個截面的
微力矩相加

截面 A 的
力矩 = 內力

$$\iint_A G\omega r \times r dA = \iint_A G\omega r^2 dA$$

積分

積分分為 $\int$（積分）與 $\iint$（2 重積分），也許你們會覺得很難，但是請先掌握「**公式的意義**」，這非常重要！

因為我們討論的是截面 A 的積分，所以使用 $\iint$（**2 重積分**），把作用於此截面所有微小面積的力矩相加。

原來如此。這看起來很難，但只要明白積分的涵意與符號，就很方便呢！

此外，因為「**外力 = 內力**」，所以這裡的內力一定會等於外力——扭力矩 M_T。下列公式成立：

$$M_T = \iint_A G\omega r^2 dA = G\omega \iint_A r^2 dA = GI_P\omega \quad \cdots\cdots\cdots ⑧$$

哇！突然出現沒看過的符號！I_p 是什麼？

截面有形狀吧？而桿件的截面是圓形。I_p 稱作「**截面極慣性矩**」，是由截面形狀所決定的量。利用係數 I_p，公式會變得簡潔明瞭。

原來如此。去掉積分，公式真的變簡潔明瞭了！

截面極慣性矩 I_p 是材料力學的**重要係數**。

截面極慣性矩	$$I_P = \int_A r^2 dA$$

本書附錄列出代表性截面形狀的截面極慣性矩（P.217），請參考。此外，剪切彈性模量G與 I_p 的乘積GI_p，稱作**扭轉剛性**。扭轉剛性代表物體對**變形的抵受性**。

若桿件截面為圓形，可以用以下公式表示 I_p 值。

$$I_P = \iint_A r^2 dA = \int_0^{2\pi}\int_0^{D/2} r^2 \times r dr d\theta = \left(\int_0^{2\pi} d\theta\right)\left(\int_0^{D/2} r^3 dr\right) = (2\pi)\left\{\frac{1}{4}\left(\frac{D}{2}\right)^4\right\} = \frac{\pi D^4}{32}$$

............⑨

※若桿件為圓桿，用極座標（微小面積 rdrdθ）來計算，計算過程會很簡單。詳情請見 P.155。

哇！雖然用係數 I_p，公式會變得簡單明瞭，可是 I_p 值的計算好麻煩！這簡直在騙人啊！

冷靜下來，西本同學！你只需知道截面形狀，便能理解這裡提到的 I_p 與後文的 **I**。它們的值會以截面尺寸，收錄於材料力學的相關教科書與工學手冊。其實我們可以用電子計算機來計算，一般來說，不會用到這麼難的 2 重積分。

原來如此！我鬆了一口氣！實際的應力計算其實沒那麼難呢！

這計算很簡單，我們只需理解步驟。使用 I_p 讓公式變得井然有序，能得出以下公式。這正是表示**桿件扭轉角的公式**！

根據公式⑧、⑨，桿件的**扭轉角** ϕ 公式如下。

$$\phi = \frac{M_T L}{GI_P} = \frac{32 M_T L}{\pi GD^4} \quad \cdots\cdots\cdots⑩$$

根據此公式，我們只需扭力矩 M_T、剪切彈性模量G、桿件直徑D，即能算出扭轉角。

這個公式顯示**扭轉角與扭力矩 M_T、桿件長度 L 成正比；扭轉角與剪切彈性模量G、直徑的 4 次方 D^4 成反比**。因此，要使扭轉角變小，需使剪切彈性模量G與 I_p 的數值變大。

原來如此。要使扭轉角變小，應該注意桿件材料的性質與截面形狀。

此外，根據公式⑩與公式⑤、⑥，剪應力 τ 會像下方公式所示。這公式表示「**扭力矩 M_T 與剪應力 τ 的關係**」。

$$\tau = \frac{M_T}{I_P} r = \frac{32 M_T}{\pi D^4} r \quad \cdots\cdots\cdots⑪$$

完成！這是我們在求的公式！求公式的過程真是漫長啊！

嗯！接下來，我們要根據這個公式求「**最大剪應力**」。

我們可以根據公式⑪求**最大剪應力**，因為最大剪應力是 r 為最大值（即 $r = D/2$，位於圓周上）所產生的剪應力，如下列公式所示。

$$\tau_{\max} = \frac{32M_T}{\pi D^4} \times \frac{D}{2} = \frac{16M_T}{\pi D^3}$$

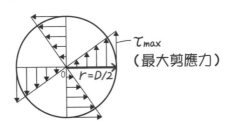

τ_{max}
（最大剪應力）

在很多情況下，計算應力是為了求出「最大應力」。

為了製造不易損壞的結構體，設計必須滿足不會損壞的條件——**應力小於材料強度**。

因此必須求出**最大應力**。

我已經講解許多，你們是否理解這種思考方式了呢？我們來歸納上述內容吧，步驟如下。

　「探討微小面積」
⇒「探討微小面積的力與力矩」
⇒「利用積分，探討整個截面的力矩（內力）」
⇒「利用截面極慣性矩來整理公式」
⇒「求表示應力的公式」
⇒「求最大應力」

這種思考方式也適用於「桿件彎曲問題」。請努力學習，繼續加油！

➡ 什麼是 $rdrd\theta$？（微小面積的表示方法）

剛才的計算過程（P.152 的公式⑨）包含 $rdrd\theta$。

$rdrd$ 與 $dxdy$ 代表微小面積，但這是為什麼呢？

我們先來探討「直角座標」與「極座標」有何不同吧。請看下圖，點 P 的位置有兩種表示方法。

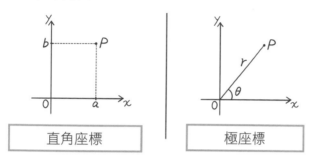

| 直角座標 | 極座標 |

「**直角座標**」採用的方式是在座標指定「X 的值為 a，y 的值為 b」，藉此表示點 P 的位置，此方法我們相當熟悉。

「**極座標**」則使用線段 OP（原點 O 與點 P 連結）與 X 軸所形成的角度 θ（點 P 的方向）和距離 r，來表示點 P 的位置。

我先說明簡單的部分。桿件截面若為長方形，要用 x-y 的直角座標（微小面積 $dxdy$）來表示點 P 的位置。如下圖所示。

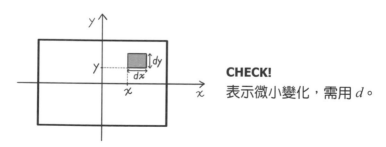

CHECK!
表示微小變化，需用 d。

dx 是「略大於 x 的數值」，dy 是「略大於 y 的數值」。

上圖的灰色長方形表示邊長極短的微小面積，而微小面積的長為 **dy**，寬為 **dx**。因此，上圖灰色長方形的面積（微小面積）是 **$dxdy$**。

截面是圓形，使用極座標（微小面積 $rdrd\theta$），計算過程會變簡單。這用文字說明會稍顯複雜，請用圖來理解。

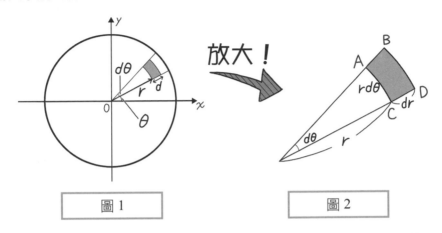

圖1

圖2

請看圖1。因為這是極座標，所以「角度 θ」與「到原點O的距離 r」相當重要，用 d 來思考微量的變化。此處，$d\theta$ 代表「略大於 θ 的角度」，dr 代表「略大於 r 的距離」。

請看圖2，它是圖1的放大圖。根據弧長公式（弧長 = 半徑×角度）得出弧 $AC = rd\theta$。

此外，請將非常小的面積納入考慮。若面積 $ABCD$ 是非常小的面積，我們便可以忽視它的微小曲線，將它視為「直線」。

亦即，我們可以將微小面積 $ABCD$ 看成長方形！如此一來，灰色部分的微小面積為「長 $rd\theta$×寬 dr」，所以灰色部分的面積（微小面積）為長×寬 = $rdrd\theta$。

微小面積 $ABCD$ 的面積是扇形 OBD 的面積－扇形 OAC 的面積，等於 $rdrd\theta$（$1-dr/2r$），由此可證，dr 變小會成為 $rdrd\theta$。

如何？你了解微小面積 $rdrd\theta$ 與 $dxdy$ 的含意嗎？它們會出現在接下來的問題（P.162），務必牢記。

3 桿件的彎曲問題

最後，我們要討論桿件的**彎曲變形**。

所有截面形狀皆相同的桿件（等截面桿件），彎曲變形的「應力分布」如下圖所示。

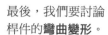注意截面的形狀！

截面為圓形的「圓桿」當然是等截面桿件，只要桿件的所有截面形狀相同，不管是長方形截面，或有孔洞的截面，

甚至是鐵軌狀的截面，都可以用相同的方式來思考。

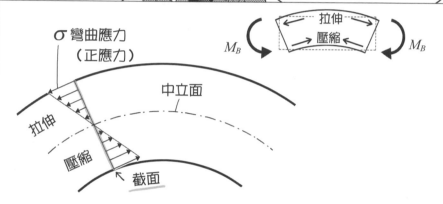

σ 彎曲應力（正應力）

中立面

拉伸

壓縮

截面

M_B

拉伸

壓縮

M_B

桿件處於彎曲變形的狀態，截面會產生正應力，稱作「**彎曲應力**」。以我們之前學過的公式為基礎，能繪製此分布圖。（詳情請參考 P.159）。

唉呀，各處的應力果然不同啊。

彎曲應力（正應力）與「到中立面的距離」成正比，而距離中立面越遠，彎曲應力越大吧？

沒錯！此時，上半部處於拉伸狀態，下半部處於壓縮狀態。

我們來解題吧！

➡️ 彎曲力矩和正應力的關係、曲率的計算

我們來解桿件的彎曲問題吧。

這屬於「應力分布不均」的情況。

我們必須考慮微小面積。

來試試看吧。

．．．．．．．．．．．．．．．．．．．．．．．．．．．．．．．．．．．．．．．

　　在此，我們要探討桿件**彎曲變形**的「**彎曲力矩與正應力的關係**」、「**曲率＝1／曲率半徑**」。

> 我們已討論過桿件彎曲變形的問題（第 3 章 P.108），此處會涉及之前的內容，請再複習一遍。**曲率半徑**是用圓的半徑值，來表示曲線的彎曲程度，即**曲率**。曲率κ 與曲率半徑 R 互為倒數。

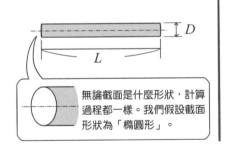

無論截面是什麼形狀，計算過程都一樣。我們假設截面形狀為「橢圓形」。

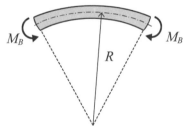

　　如上圖所示，在「長度為 L 的等截面桿件」兩端施加彎曲力矩 M_B，使桿件彎曲，計算桿件的彎曲變形程度。

　　我們先列出之前學過的公式。用 R 來表示桿件彎曲變形的曲率半徑，則作用於任意點（與中立面的距離為 y）的**正應變**ε如下方公式所示（參考第 3 章P.112）。

$$\varepsilon = \frac{y}{R} = \kappa y$$

假設桿件的楊氏模量為 E，**正應力** $\sigma = E\varepsilon$（參考 P.121），利用曲率 κ（曲率半徑 R 的倒數 $1/R$），以下公式成立。

$$\sigma = E\frac{y}{R} \quad \text{亦即} \quad \sigma = E\kappa y \quad \cdots\cdots\cdots ⑫$$

請注意公式⑫！此公式是正應力 σ 與距離 y 的關係式。一開始我給你們看的「**桿件彎曲應力分布圖**」即參考此公式而描繪。

我們來思考「**彎曲力矩** M_B **與正應力** σ **的關係**」。

彎曲變形的應力（正應力）會因位置而改變，我們必須考慮這點，與剛才的扭轉變形相同。根據公式⑫，可以繪出下面的「應力分布圖」。

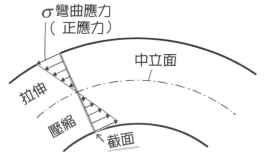

CHECK！
彎曲應力（正應力）與到中立面的距離成正比，離中立面越遠，彎曲應力越大。中立面的上方處於拉伸狀態，下方則為壓縮狀態。

截面各處的應力不同。因為必須依據各處的應力，用數學公式求彎曲力矩，所以有點麻煩，但我認為只要理解上述的「扭轉問題」，便能輕易解開這個問題。

這個問題該不會與扭轉問題一樣，需要將**微小面積**納入考量吧？

西本同學，你的理解能力很強呢！沒錯！我們必需考慮微小面積，根據作用於微小面積的力，求出作用於中立軸的「微力矩」，而且要用積分將整個截面的「微力矩」相加。

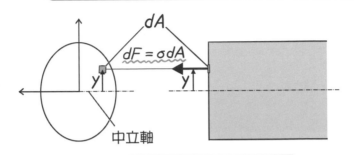

作用於彎曲桿件截面的正應力

首先，如上圖所示，微小面積 dA 與桿件中立面之距離為 y，我們要思考作用於截面的力 dF。因為「力＝應力×面積」，所以可以用下方公式來表示 dF。

$$dF = \sigma \times dA = E\kappa y \times dA = E\kappa y dA \quad \text{⑬}$$

此力作用於中立軸的「微力矩」是力 dF 與力臂 y 的乘積。

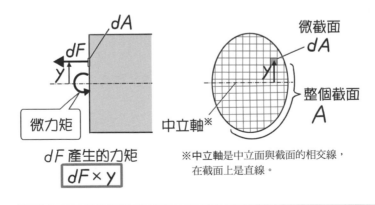

作用於微小面積的力，在中立軸產生的力矩。

作用於**整個截面**的「**微力矩**」總和是內力（整個截面的力矩），而此內力必定等於外力 M_B，下列公式成立。

$$M_B = \iint_A E\kappa y \times y dA = E\left(\iint_A y^2 dA\right)\kappa = EI\kappa \quad \cdots\cdots\text{⑭}$$

哇！又出現沒看過的符號！這次是 I。

I 是稱作**截面慣性矩**的物理量。扭轉問題用了 I_p（截面極慣性矩），彎曲問題則用 I（截面慣性矩）。

只要知道桿件的截面形狀，便能算出**截面慣性矩**。截面慣性矩是材料力學的**重要係數**。

截面慣性矩	$I = \int_A y^2 dA$

本書附錄（P.217）列舉代表性截面形狀的截面慣性矩，請參考。此外，楊氏模量 E 與 I 的乘積 EI，稱作**彎曲剛性**，代表物體對**彎曲變形**的抵受性。

我們要計算 I 的數值。請注意，I 值的**計算與截面形狀有關**！不管截面形狀為何，計算過程與思考方法都與前述方法相同，但是從現在開始的計算過程，會有些許不同。這次我們不僅要考慮截面為「**圓形**」的圓桿，也要考慮截面為「**長方形**」的桿件。

高 h，寬 b 的長方形

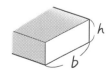

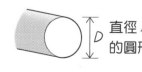

直徑 D 的圓形

接下來，要探討「桿件截面為**長方形**」與「桿件截面為**圓形**」，計算截面慣性矩 I 的值。

桿件的截面形狀為寬 b、高 h 的**長方形**，I 的數值如下方公式所示。

$$I = \iint_A y^2 dA = \int_{-h/2}^{h/2} \int_{-b/2}^{b/2} y^2 dxdy = \int_{-b/2}^{b/2} dx \int_{-h/2}^{h/2} y^2 dy$$

$$= \left[x \right]_{-b/2}^{b/2} \times \left[\frac{1}{3} y^3 \right]_{-h/2}^{h/2} = b \times \frac{1}{12} h^3 = \frac{1}{12} bh^3$$

桿件的截面為直徑 D 的**圓形**，I 的數值如下方公式所示。

$$I = \iint_A y^2 dA = \int_0^{D/2} \int_0^{2\pi} \left(r\cos\theta \right)^2 rdrd\theta$$

$$= \int_0^{D/2} r^3 dr \int_0^{2\pi} \cos^2\theta d\theta$$

$$= \pi \times \frac{1}{4} \left(\frac{D}{2} \right)^4 = \frac{\pi}{64} D^4 \cdots\cdots ⑮$$

哇！這裡果然有 I 值的計算！代入 I 值，公式會變得簡單易懂。

沒錯！利用 I 值整理公式，可用下方的簡單公式表示曲率與彎曲力矩的關係。這是**桿件彎曲力矩與曲率的關係式**。

整理公式⑭與⑮，能得出桿件的**曲率** κ（$= 1/R$），寫成下列公式。

$$\kappa = \frac{1}{R} = \frac{M_B}{EI} \quad \cdots\cdots ⑯$$

運用公式⑯，以桿件直徑 D 算出截面慣性矩 I 的值，接著代入材料的楊氏模量 E 與彎曲力矩 M_B，便能算出桿件變形的曲率 κ。

此公式表示**彎曲變形的曲率與** M_B **成正比**；**彎曲變形的曲率與楊氏模量** E、**截面慣性矩** I **成反比**。

物體承受的彎曲力越大，曲率越大。材料或截面形狀越難變形，曲率越小。

根據公式⑬與⑯，我們可以用下方公式來表示正應力 σ。這公式表現「**彎曲力矩** M_B **與正應力的關係**」。

$$\sigma = \frac{M_B}{I} y \quad \cdots\cdots\cdots ⑰$$

這就是我們要求的公式啊！

根據公式⑰可知，桿件受彎曲荷重作用，截面所產生的**正應立與截面到中立軸之距離成正比**。彎曲力矩 M_B 若為**正值**，彎曲桿件的上半部處於拉伸狀態，下半部處於壓縮狀態（彎曲力矩 M_B 若為負值，情況相反）。

彎曲力矩 M_B 為正值，桿件彎曲成凸形；彎曲力矩 M_B 為負值，桿件彎曲成凹形。下圖能幫助你了解拉伸與壓縮狀態。

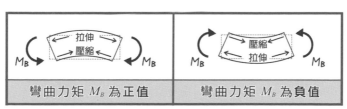

根據公式⑰可求出最大彎曲應力和最小彎曲應力。

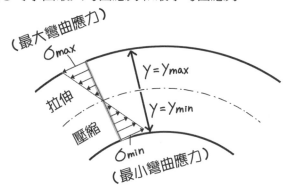

請看上圖。當 y 為最大值，即 $y = y_{max}$，會產生**最大彎曲應力** σ_{max}。
用下列公式可以求出最大彎曲應力。

$$\sigma_{max} = \frac{M_B}{I} \times y_{max} = \frac{M_B}{Z_1}$$

當 y 為**最小值**，即 $y = y_{min}$，會產生**最小彎曲應力** σ_{min}。用下列公式可以
求出最小彎曲應力，當然，y_{min} 與 σ_{min} 皆為**負值**。

$$\sigma_{max} = \frac{M_B}{I} \times y_{min} = -\frac{M_B}{Z_2}$$

在此我們將 $Z_1 = I/y_{max}$ 與 $Z_2 = I/y_{min}$ 稱為「**截面係數**」。

如果截面與中立軸對稱，則 $Z_1 = Z_2 = Z$。

與 I 相同，截面係數是由截面形狀決定的係數，代表性截面形狀的截
面係數計算法皆列於教科書（請參考附錄P.217）。

最後，我們來探討，截面為「**長方形**」以及「**圓形**」的最大彎曲應力
與最小彎曲應力！

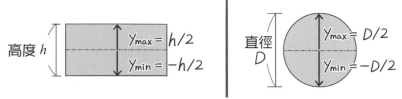

若截面為長方形，則 $Z = bh^2/6$（參考P.217），因此，能求得以下公式：

$$\sigma_{max} = -\sigma_{min} = \frac{M_B}{Z} = \frac{M_B}{\left(\dfrac{bh^2}{6}\right)}$$

若截面是直徑 D 的圓形，則 $Z = \pi D^3/32$（參考P.217），因此能求得以下公式：

$$\sigma_{max} = -\sigma_{min} = \frac{M_B}{Z} = \frac{M_B}{\left(\dfrac{\pi D^3}{32}\right)}$$

你是否明白**扭轉問題與彎曲問題**的異同呢？它們運用微小面積的思考方式很相似，但是兩者所用的係數不同。

> 扭轉問題使用 I_p（截面極慣性矩），
> 彎曲問題則用 I（截面慣性矩）。

順帶一提，「極」在此指的是**中心點**，請你回想應力分布。扭轉應力問題的「與**中心點**的距離」相當重要，彎曲應力問題的「與中立軸的距離」相當重要，由此可知，考慮「有關中心點之問題」必須使用截面極慣性矩 I_p。只要掌握「極」字的意義，便很容易理解。

今天所學的**應力計算**是材料力學的重點。
我想只要理解這種思考方式，計算並不會太難。
這次我們求得的公式⑰與⑪，是「**彎曲應力公式**」與「**扭轉應力公式**」。在此為各位總結這兩個公式，也請務必牢記！

$\sigma = \dfrac{M_B}{I} y$	彎曲應力 $= \dfrac{彎曲力矩 \times 到中立面的距離}{截面慣性矩}$
$\tau = \dfrac{M_T}{I_P} r$	扭轉應力 $= \dfrac{扭力矩 \times 到中心軸的距離}{截面極慣性矩}$

今天的計算問題是到目前為止最困難的……

我有同感……

你們辛苦啦。

啊！會長一開始提到的那封信是什麼呢？

對啊！那是什麼？

老實說……

雖然我讓你們共用社團教室，但是學校其實還有好幾間社團教室沒人用。

西本同學似乎發現了其中一間。

啊！是這樣嗎？

嗯，我的確發現一間……

為什麼那間教室停用呢？

啊！也許是因為……那間教室西曬強烈，或者是已經有房客住在裡面！

西曬強烈

有某個東西寄屬其中

其實沒有任何問題，那是一間可供使用的社團教室。

但是我當上學生會長之後，再也沒有讓人使用它。

啊？

我以社團教室不夠為理由，讓大家共用教室……

這其實是我撒的謊。

什麼？

妳為什麼要撒這種謊？

167

我想，讓不同的社團共用一間教室，將會產生衝突，也許會出現許多有趣的狀況，或產生一些嶄新的事物。

我想要看看不一樣的情景。

這是我個人的想法。

你們的組合是透過抽籤決定的，而我很高興能夠運用自己的材料力學知識。

但是，我是一個騙子。

現在我的謊言已被揭穿，我希望能讓那位戳破的人來決定我的去留……

啊啊啊啊啊啊啊啊啊啊！

沮喪……

會長，這太沉重啦！
妳太認真了！

這太嚴重了吧！
我、我想應該沒人
想要妳辭職吧……

你們原諒我
撒的謊？

沒關係啦！我
只要可以讀書
就好。

……

當然，如果可以，
我希望妳能讓我使
用那間空教室……

我不會這
麼簡單放
過妳！

撒謊是
不好的！

169

第6章

材料力學的應用

今天是最後一堂課，我鬆了一口氣，卻感到有點寂寞……

嘎吱

唉唉唉唉唉唉～～～

怎麼啦？怎麼如此沉重？

她從剛才開始就是這副樣子。

今天的課程結束，便要做書架……
一想到那個書架的設計……

NONO 就很煩惱，我壓力好大！

使勁

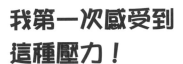

我第一次感受到這種壓力！

啊啊啊啊啊啊啊啊啊啊啊

呃……我只需要一個很普通的書架！

沒問題，也許妳會在學習過程中，得到好點子。

今天我們以長椅為例，探討板材所需的實際厚度吧。

長 椅

喔！這非常實用，似乎能用在 DIY。

噢！

只要理解今天的課程內容，便能知道最適合書架的木板厚度～

173

1 製造不易損壞的結構體

設計須知（不易損壞的結構體，製作步驟）

首先，我們來複習吧。如何才能製造不易損壞的結構體呢？

我來回答！
我記得一清二楚！

只需讓「應力小於材料強度」！

沒錯！要製造不易損壞的結構體，步驟大致如下。

步驟①：在各種條件下，推測作用於結構體的力。

↓

步驟②：求結構體會產生多少應力。

↓

步驟③：比較應力與材料強度。（如果應力小於材料強度，即可判斷結構體不會損壞）。

原來如此，在繪製設計圖的階段，一定要認真地進行這些步驟吧？

沒錯！如果你知道各零件的尺寸與材料強度，便能清楚預測結構體「能夠承受多少力」。

舉例來說，假設**截面**為 **2cm×2cm**，長度為 1m 的木材桿件，強度為 **100MPa**。

2cm
2cm

1m

堅固木材的拉伸強度約為 100MPa。

根據試驗結果可知，這根木材能承受 40000N（約 4tf）的**拉伸力（外力）**，但只能承受 533N（約 53kgf）的**彎曲力（外力）**。
（計算方法將於下頁講解）

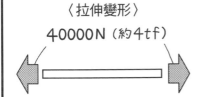

〈拉伸變形〉

40000N（約4tf）

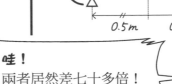

〈彎曲變形〉

533N（約53kgf）

0.5m　0.5m

哇！
兩者居然差七十多倍！

體重 60kg 的人站上這根木材桿件，桿件會因為**彎曲變形**而損壞。

60kgf

啪嚓

我們在桿件實際損壞之前，便能透過計算得知結果？

沒錯！運用我們的知識，可以得出具體的數值！

175

➡ 正方形截面桿件的應力

尾瀨會長說：「這根木材能承受 **40000N**（約 **4tf**）的拉伸力（外力），但只能承受 **533N**（約 **53kgf**）的彎曲力（外力）。」

這計算與**截面形狀**有很大關聯。上次（P.157）我們已學過「長方形截面桿件」的彎曲變形，如果你理解上次的內容，這次的問題會很簡單！

‧‧

在此，我們將計算木材桿件承受**拉伸變形**、**彎曲變形**的時候，作用於木材桿件的**應力**等數值，如下圖所示。

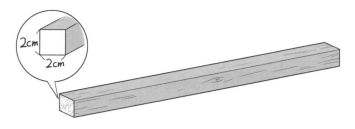

假設這根木材桿件的**截面為 2cm×2cm**，木材強度為 **100MPa**。

我們先來看**拉伸變形**吧。當我們以下圖的方式拉伸這根桿件，桿件能承受多大的力呢？

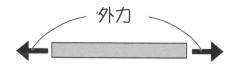

截面積為 $0.02m \times 0.02m = 0.0004m^2$。

用材料強度×截面積的公式，可得出**整個截面的強度**為 $100MPa \times 0.0004m^2 = 40000N$。

這根木材桿件能承受約 4tf的**外力**，非常厲害。

「應力＜強度」是以「單位面積」來進行比較的。現在我們要用「外力」與「整個截面的強度」，來探討「外力（內力）＜整個截面的強度（強度×截面積）」。

記住 **Pa = N/M²**，
即能理解 100MPa×0.0004m² ＝ 40000N！

接著，我們來思考下圖的**彎曲變形**吧。

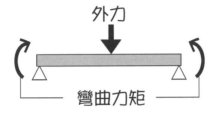

此計算稍顯複雜，我們先將作用於桿件正中央的**外力**設為 2000N，支點間距為 1m。

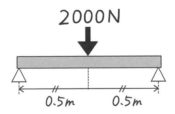

如此一來，**反力**的數值會是外力的一半——1000N，因此，桿件正中央的**彎曲力矩**為 1000N×0.5m ＝ 500Nm。

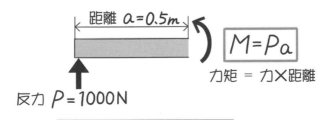

桿件承受的力矩

我們懂力矩了……不過我們現在想知道的是**應力**啊……

請回想**彎曲應力的公式**！（參考 P.163）這個公式能夠根據力矩計算應力！

$$\sigma = \frac{M_B}{I}y \quad \text{彎曲力矩} = \frac{\text{彎曲力矩} \times \text{到中立面的距離}}{\text{截面慣性矩}}$$

喔！確實有這個公式！好！只要有這個公式，便能求出應力的數值呢！

但是這裡有兩點需要留意。

①截面慣性矩 I 會隨截面形狀改變。
②求最大彎曲應力，需假設距離 y 為「（桿件）高度的一半※」。

如果你能掌握上次課程的內容，應該會明白這個意思……

※正確地說，是「中立面與最遠點的距離」。

我了解第①點！這次的桿件截面是 2cm×2cm 的**正方形**。上次課程討論長方形桿件的問題，而正方形也是長方形的一種，所以我們可以用之前的算法，求 I 值！

我已了解第②點。我們若要製造不易損壞的物品，應求出「**最大彎曲應力**」。最大值 y 所對應的應力就是最大彎曲應力，而這次的截面為四邊形，所以最大值 y 正好是「（桿件）高度的一半」。

正是如此！順帶一提，**力矩的單位為** Nm；**截面慣性矩的單位為** m^4。接下來，請多注意單位。

力矩為 **500 Nm**。

因為桿件的高度為 2cm，所以「高度的一半」為 1cm。若將單位轉換為 m，1cm 會變成 **0.01m**。

長方形截面的 I 值，我們已於第五章算過，因此……

截面形狀	截面慣性矩 I
h b	$\dfrac{bh^3}{12}$

請參考附錄（P.217）的截面慣性矩列表。

I 值為（0.02m）^{4}/12 = 0.000000013（m^4） = 1.33×10^{-8}（m^4），接著請將這些數值代入下列公式。

$$\sigma = \frac{M_B}{I} \times \text{高度的一半}$$

根據計算，**應力（最大彎曲應力）是 375MPa**。

這個數值遠遠超過木材的強度——100MPa，若對此桿件施加 2000N 的外力，桿件會因彎曲變形而損壞。

我們**顛倒計算過程**，來算最大應力值為 100MPa 的外力吧。由計算可知，作用於桿件的力會變成 **533N**，亦即此桿件能承受的最大力量為 533N。

記住上述步驟便能求出**最大應力**，與材料強度比較，可知結構體是否會損毀。只要顛倒計算過程，即能得知「**桿件能承受多大的力量**」。

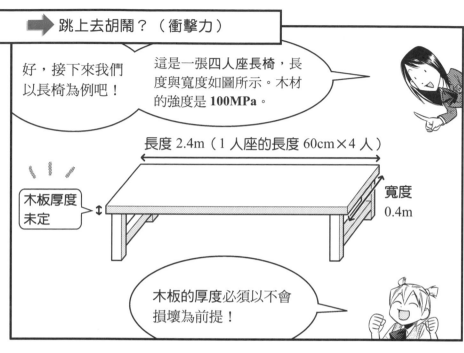

跳上去胡鬧？（衝擊力）

好，接下來我們以長椅為例吧！

這是一張四人座長椅，長度與寬度如圖所示。木材的強度是 **100MPa**。

長度 2.4m（1 人座的長度 60cm×4 人）

木板厚度未定

寬度 0.4m

木板的厚度必須以不會損壞為前提！

西本同學，請你計算施加於長椅木板的重量。

假設每個人的體重 60kg，60kg×4 人 = 240kg。

240kg

理論上，你的答案不能算錯。

但是實際上，我們必須考量許多層面。

若此長椅設置於公共場合，會有各式各樣的使用者。

可能會有很重的人，或是拿著重物的人，去坐這張長椅；可能會有四位，甚至是五位體重80kg的人坐這張長椅。

我們只需製作一張能承受 80kg×5 人 = 400kg 的長椅！

施加於長椅的力為 400kgf……

現在下結論，言之過早。我們繼續想像吧。

使用者並非輕輕地坐上椅子，而是在上面跳躍、胡鬧。

嘿嘿呦呦

哼哼哈哈

咚

公民素養好差！

如果使用者這麼做，瞬間的衝擊會對長椅施加很大的力，稱為「衝擊力」。

不同狀況有不同的衝擊力，相較於輕輕坐上長椅的力，衝擊力對長椅施加的力大了數倍。

181

的確，「輕輕坐在沙發」與「猛然坐上沙發」，沙發的凹陷程度不同。

其實不太可能會有眾人一起跳上長椅的情況，所以我們以靜力的兩倍來計算吧。

如此一來，施於長椅的力為800kgf，約8000N。

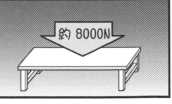

考慮四個人的體重，總共只有240kg……沒想到會變成這麼大的數值。

如此一來，這張長椅的安全係數會更高！即使有五個人同時坐上去，或是有人跳到上面，長椅都不會壞掉！

沒錯。

推算作用力與實際的應力，能得知「此物體是安全的」。

原來如此，知道作用力，我們還得計算應力，求出所需的木板厚度吧？

沒錯！計算方法容我稍後說明，我們先從結論開始講起……

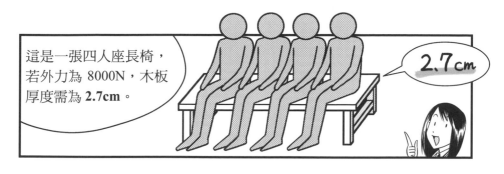

這是一張四人座長椅，若外力為 8000N，木板厚度需為 **2.7cm**。

2.7cm

喔！好具體！這樣一來，很方便選購木板呢！

當然，所需厚度會根據不同條件變化。

如果將四人座長椅換成三人座長椅，外力與長椅的長度會變小，木板厚度只需 **2.1cm**。

2.1cm

同樣是四人座長椅，我們只需在長椅正中央加裝一根支撐腳，木板所需厚度便會變成 **1.8cm**！

1.8cm

1.2m × 1.2m

如果厚木板的價格過高，可以買較薄的木板，再加裝支撐腳。

掌握此計算方法，便可巧妙地選擇木材用料，避免浪費。

接下來，我來說明這些計算方法吧！

接下來，要計算長椅的木板厚度。
在此，截面慣性矩 I 仍相當重要，
而這讓人聯想到截面形狀。

我們必須注意「椅座木板」的截面形狀。

- -

我們來計算長椅木板的厚度吧。
假設木材強度為 **100MPa**。

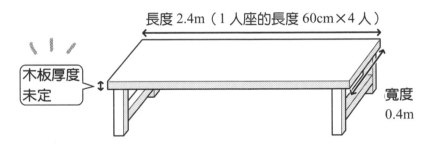

長度 2.4m（1 人座的長度 60cm×4 人）

木板厚度
未定

寬度
0.4m

四人座長椅的問題

以下圖的**四人座長椅**為例。

（5 人的重量）×（衝擊力的影響）

2.4 m

（80kg×5 人 ＝ 400kg）×2 倍衝擊力，可以得出施於四人座長椅的外
力為 800kg，約等於 **8000N**。

我們很難精確計算力矩，所以請跟木材桿件彎曲的情況一樣，想像力 集中作用於桿件的中央 。

當力集中作用於桿件中央，桿件兩側會產生相當於作用力一半的反力 8000N/2 = 4000N，**力臂長**為 2.4m/2 = 1.2m，我們粗略計算力矩的數值吧。
力矩 = 4000N × 1.2m = 4800Nm。
透過此計算過程，算出的彎曲力矩會比實際情況大。

外力（荷重）有數種作用方式，外力集中於一點，稱為「集中荷重」；外力均勻分布於整個物體，稱為「等分布荷重」。

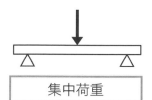

集中荷重

等分布荷重

長椅的問題統一視為「**集中荷重**」，因為想成集中荷重的計算較簡單，且能得出比實際情況大的力矩，藉此打造「更安全的物體」。

「集中荷重」的計算方法與桿件彎曲變形的計算相同，我們只需求出力矩，把它代入應力公式。

沒錯！但要注意**截面形狀**喔！我們這次要求的是**木板厚度**，所以要解**與木板厚度相關**的公式。

我們來探討**截面形狀**吧。

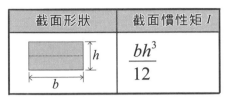

截面形狀	截面慣性矩 I
	$\dfrac{bh^3}{12}$

〈長椅木板的截面〉

h＝木板厚度

b＝木板寬度

由上圖可知，長椅的木板截面為長方形，因此**截面慣性矩I＝（長椅寬度b）×（木板厚度h）³/12**。

接著，請列出「**應力（最大彎曲應力）＜木材強度**」的公式，藉由彎曲力矩公式可以得出以下公式。若此公式成立，長椅便不會損壞。

$$\sigma = \frac{\text{力矩}}{\text{截面慣性矩}} \times \text{高度的一半} < \text{木材強度} \quad \cdots\cdots\cdots ①$$

重點在於列出有「＜」符號的不等式。

如果將截面慣性矩I＝（長椅寬度b）×（木板厚度h）³/12，代入公式①，**求木板厚度**，即能得出下列公式。

$$\text{木板厚度 } h > \sqrt{\frac{6 \times \text{力矩}}{\text{長椅寬度} \times \text{木材強度}}} \quad \cdots\cdots\cdots ②$$

接下來的計算相當簡單！只需將具體的數值代入公式②，求出木板厚度。請用**函數計算機**來進行根號計算。此外，**公式②會用於其他長椅問題**！

我們將相關數值代入公式吧。力矩＝4800Nm，**長椅寬度＝0.4m**，木材強度＝100MPa。100MPa 的 **M**（百萬）為 10^6，亦即 **100MPa ＝ 100×10⁶（Pa）＝100×10⁶（N/m²）**。單位對計算來說非常重要。

計算結果如下：

$$h > \sqrt{\frac{6 \times 力矩}{長椅寬度 \times 木材強度}} = \sqrt{\frac{6 \times 4800}{0.4 \times 100 \times 10^6}} = 0.0268（m）$$

由此可知，若長椅的木板厚度大於 2.68cm，長椅不會損壞。

太好了！具體數值出現！木板厚度定為 2.7cm，長椅不會損壞！

接下來，我們來探討三人座長椅的問題。

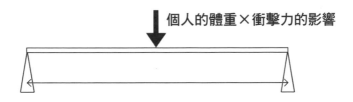

個人的體重×衝擊力的影響

長椅長度為 60cm×3 人 = 1.8m。

藉由（80kg×4 人 = 320kg）×2 倍衝擊力，可以得出施於三人座長椅的外力為 640kg f≈**6400N**。

藉由反力 3200N×力臂 0.9，可以得出力矩 **2880Nm**。

得知力矩的數值！
可以使用剛才的公式②！

我們將這些相關數值代入公式②吧。**力矩 = 2880Nm，長椅寬度 = 0.4m，木材強度 = 100MPa。**

$$h > \sqrt{\frac{6 \times 力矩}{長椅寬度 \times 木材強度}} = \sqrt{\frac{6 \times 2880}{0.4 \times 100 \times 10^6}} = 0.0208 （m）$$

由此可知，若木板厚度大於 2.1cm，長椅不會損毀。

三人座長椅需要厚度 2.1cm 的木板啊～

最後，我們來看**四人座長椅**加裝三個支撐腳的情況。在長椅的正中央加裝一個支撐腳（支點），力的作用方式會如下圖。

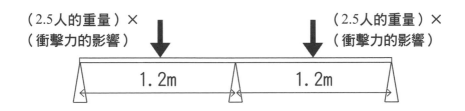

（2.5人的重量）×（衝擊力的影響）　　　　　　（2.5人的重量）×（衝擊力的影響）

1.2m　　　　　1.2m

這個看似簡單，其實要計算擁有**三個以上支點**的梁（彎曲變形的構件）比較複雜。

這不僅要求力平衡，也需考慮變形，是「超靜定」問題。

為了簡化計算過程，我們假設力集中作用於各梁的中央，將此問題當成左右對稱問題（計算過程請參考附錄P.218）。

如此一來，這張長椅的**彎曲力矩分布**以及**各支點的反作用力**會如下圖。

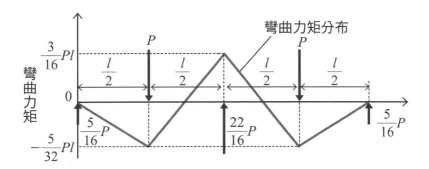

CHECK！

向下彎曲的力矩作用於左右兩個荷重點，**向上彎曲**的力矩作用於正中央的支點。

力矩的**正負值**代表「**向上彎曲或向下彎曲**」。

無論是向上彎曲或向下彎曲，只要超越承受限度，物體便會損壞。力矩的**絕對值**相當重要，能幫助我們判斷物體是否會損壞。

在此問題中，**左右兩個荷重點**可以求出「力矩 $M = 5/32 \times$ 外力 $P \times$ 支點間的距離」公式，而**正中央的支點**可以求出「力矩 $M = 3/16 \times$ 外力 $P \times$ 支點間的距離」公式。

因為 5/32（＝0.15625）<3/16（＝0.1875），所以正中央支點所產生的力矩為最大力矩。我們來求這個力矩吧。

我本以為長椅只會向下彎曲、凹陷，但現在有三個支點，正中央的支點竟會產生向上彎曲的**凸狀力矩**啊……

但是……上述公式好複雜啊。

我們將擁有三個或三個以上支點的梁稱為「**連續梁**」。連續梁的計算較複雜，求力矩公式中的 3/16、5/32 等數字，是考量此連續梁的情況所得的數字。

我們把外力加得更大，假設有六個人的重量吧。如此一來，藉由（80kg×6 人＝480kg）×2 倍衝擊力，可以求得外力 960kgf≈**9600N**。

因為支點間的梁為 1.2m，所以我們要求的力矩（產生於正中央支點的力矩）如下：

$$M = \frac{3}{16} \times 9600 \times 1.2 = 2160 \ (\text{Nm})$$

知道力矩的數值！
可以使用剛才講解的公式②。

我們把相關數值代入公式吧。

力矩 = 2160Nm，長椅寬度 = 0.4m，木材強度 = 100MPa。

$$h > \sqrt{\dfrac{6 \times \text{力矩}}{\text{長椅寬度} \times \text{木材強度}}} = \sqrt{\dfrac{6 \times 2160}{0.4 \times 100 \times 10^6}} = 0.018 \ (\text{m})$$

由此可知，木板厚度大於 1.8cm，長椅不會損壞。在長椅正中央加裝支撐腳（支點），即使椅座的木板較薄也沒關係。

長椅的問題告一段落。你們不覺得，這次教的計算方法，對製作書架很有幫助嗎？

沒錯！只需把人體的重量換成「**書本重量**」，將長椅木板換成「**書架木板**」！不只是書架，這對親手製作書桌、電視櫃等物品，也很有用！

課程劃下完美句點，辛苦啦～

喂！等一下！今天的課還沒講完！

不易變形的重要性

➡ 什麼是剛性？

製作物品不僅要考慮物品是否會損壞，**不易變形**也相當重要。

沒錯，彎曲變形的椅子不討喜。

呵呵，對啊。

精密機械的零件若變形，後果會很嚴重！

零件變形，機械的操作性能會下降。

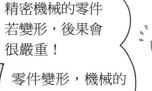

這的確是個大問題。我們應該盡可能用不易變形，亦即楊氏模量較大的材料來製作。

沒錯。要使物品不易變形，除了材料的彈性模量，還需注意結構體的形狀與尺寸等。

舉例來說，質地堅硬的金屬若像鐵絲般纖細，也容易變形。

椅子的椅腳雖用木材製作而非金屬，但是粗度足夠，所以不會輕易彎曲。

我們將物品抵抗變形的能力稱為「**剛性**」。

製造物品要盡可能將物體形狀設計得小巧且剛性高。

剛性

咦？
有那麼剛好的
形狀嗎？

我們來提升這
張影印紙的剛
性吧。

紙張會因為重力下
垂，而物體自身的重
量稱為「自重」。

柔軟

這張紙會輸給自重而變
形，真不堅固。我們果
然無法拿紙當材料，太
薄了……

沒有這回事。

我們將紙張稍
微加工吧！

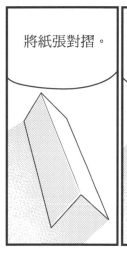

將紙張對摺。

折成四邊形，
用膠帶固定。

喔！形狀變
得不一樣！

紙張變堅固
了。

加工能讓材料比較
不容易變形！

在此我將詳細說明改變紙張形狀的問題。舉例來說，假設我們做出以下三種形狀。

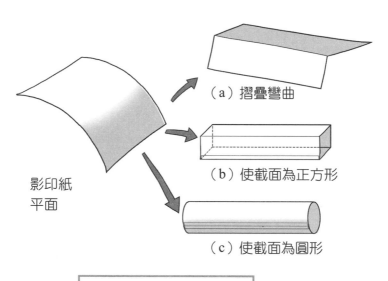

（a）摺疊彎曲

（b）使截面為正方形

影印紙平面

（c）使截面為圓形

紙摺成各種形狀

請看上圖（a）。此形狀能夠克服重力，保持水平，稱為**角材**，經常用於實際的結構體。

喔～真的，我在好多地方都看過這種形狀的物體。

圖（a）、（b）、（c）的形狀都可以直立擺放，尤其是圖（b）、（c）的四方形立筒與圓筒，能承受大於自身體重的重量。

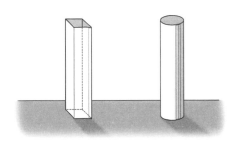

喔！把紙張改成筒狀，真的能夠承載較重的物體。這跟輕薄的紙片真是天差地別。

沒錯。折疊前的影印紙很輕薄，容易彎曲，要使它「站立」是不可能的吧！

這種現象稱為「**挫曲**」。我們對桿件施加一定大小的壓力，桿件會被迫彎曲，造成挫曲現象。即便作用力（**壓縮力**）很小，纖細輕薄的物體還是會輕易彎曲。

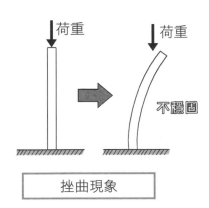

如果我們像圖（b）、（c）一樣，改變物體的外形，物體會變得難以彎曲，屈曲荷重的數值會增加。

原來如此！真是好處多多。

物體變得難以彎曲，代表「**彎曲剛性增大**」。我應該有提過「彎曲剛性＝楊氏模量×截面慣性矩」吧？（參考 P.161）。

紙張的楊氏模量不變，改變物體的**截面形狀**，即能增加彎曲剛性！順帶一提，下圖是截面慣性矩 I 的詳細計算過程。

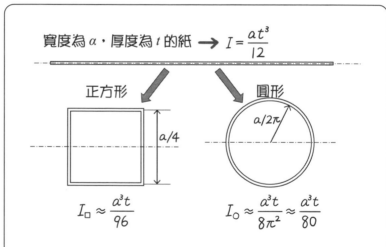

哇！居然產生 1000 倍以上的變化，真厲害！

我已充分了解彎曲剛性，除了**彎曲變形**，其他變形的剛性是如何呢？例如，**扭曲變形**等。

你們都很用心學呢！我們當然可以使**扭轉剛性變大**，對照下圖的兩種狀況，即能明白。一張圖是捲成圓筒狀的紙；另一張圖捲成圓筒狀，還用透明膠帶牢牢固定。

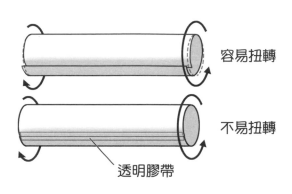

容易扭轉

不易扭轉

透明膠帶

紙張捲成圓筒狀的扭轉狀態

我們可以輕易扭轉沒有用膠帶固定的圓筒，有無使用膠帶固定，差距竟然這麼大！

這表示**可以透過某些辦法，增加材料的剛性**。當然，不只紙張，鐵板等材料也是如此吧？

沒錯！順帶一提，因為高爾夫球桿和釣魚桿等，應具適當的柔軟度，所以要控制材料的剛性。總之，我們必須充分考量物品的用途，找出最適合它的造型。

3 怎樣的結構體才安全？

➡️ 考慮變因（安全係數）

我們的課即將結束，最後我要講解物品的「**安全性與可靠性**」。材料力學的任務是要製造「**不會在使用中，損壞的物品**」，**確保機械、工具、結構體的可靠性**。結構體在使用過程中，會承受各種荷重，我們必須確保它能夠正常運作，不會損壞。

交通工具或建築物壞掉，會危及使用者的生命安全，這一點非常重要！

考量結構體的安全，有一個重點──**容許應力**。容許應力指在**安全範圍內，材料用於實際的生產製造，所能承受的最大應力值**。

容許應力是位於容許範圍內的應力嗎？亦即，OK！物品在這個應力範圍之內不會損毀！可是我們之前不是學過「**強度**」嗎？應力小於材料強度，物品不會毀損吧？容許應力和強度有何不同？

沒錯，理論上，應力小於材料強度，物品不會損毀。但是**實際使用結構體，一定會有許多不安全因素與變因吧**？

我們不能保證同款設計的成品一模一樣，此外，耗損、腐蝕等「使用環境造成的材料劣化問題」是個難題。我們很難正確推測各種衝擊力的數值。

 原來如此。我們必須在設計階段考慮各種狀況，這很重要。不只要注意**強度**，還要讓強度大於**容許應力**，預留**安全範圍**。

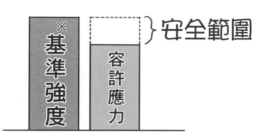

※基準強度是作為計算基準的強度。不能產生永久變形的物件，應以「屈服應力（塑性變形的應力）」為基準；只需承受荷重的物件，則以「強度（極限應力）」為基準。

 沒錯！強度與容許應力的比例，稱為**安全係數**，代表「物品預留多少安全範圍」。

$$安全係數 = \frac{材料的基準強度}{容許應力}$$

 我們必須盡量預留多一點安全範圍。我想製作一個安全係數較高的書架！

 但是安全係數設太高，會讓重量過重，材料費也會偏高，因此，必須取得平衡。

 話說回來，還有一點我很好奇……剛才會長提到的「各種不安全因素與變因」，除了衝擊力，還有哪些呢？

這是一個好問題。我們必須**考慮下列變因**，才能決定安全係數的大小。這些變因的影響並非各自獨立，有可能彼此牽連而引發事故。

一、材料的強度不一

因為材料表面有肉眼難以察覺的傷痕或缺陷，導致材料強度不一致。

二、腐蝕、疲乏等因素

材料經過長時間的使用，會因為風吹雨打或各種環境因素，遭到腐蝕；而力反覆作用於物品，會導致材料疲乏，強度大幅下降。

三、荷重評估錯誤

雖然設計師在設計物品時，即考慮到最嚴重的狀況，但是對外力（荷重）的評估是由人類來進行的，因此可能會有失誤，或遇到超出預估範圍的惡劣環境條件。

四、應力計算結果出現變因

計算應力是將實際的結構體轉化為「數學公式或力學模型」，來獲得計算結果。一般來說，應力的計算都相當嚴格，但是也可能有誤差的累積。

五、非連續部位的應力集中

若結構體有螺絲孔，或結構體的形狀急遽變化，結構體的局部將會產生很大的應力（稱為應力集中）。我們很難準確算出應力集中對結構體強度的影響。

六、製作缺乏精準度

實際的結構體製作不一定會遵照設計圖，正確地切割、焊接，因此會有些微誤差。若這些誤差積累過多，可能引發故障。

七、其他因素（結構體損壞對社會與人類的影響）

若結構體攸關人的生命安全，基本上會加大安全係數。舉例來說，日本建築基準法規定「電梯鋼纜的安全係數需大於 10」。

哇！有這麼多不安全因素啊！真是讓人頭疼，嗚……

 這真的很讓人困擾，因為我們不知道安全係數多少才算安全，所以最近有人認為：「我們應該從概率的角度來考量安全性，以此制定設計基準，來取代安全係數！」

 從概率的角度來考量安全性？什麼意思？

 舉例來說，我們以汽車為例，有的駕駛人駕駛習慣差，有的駕駛人駕駛習慣好，他們駕駛的汽車所承受的最大力量會有所不同。因此，各個產品（汽車）的強度都會不同，我們必需考量所有因素，以決定**故障概率**。

 嗯……當「駕駛習慣差的人」與「品質稍差的汽車」這兩項不安全因素同時發生，故障概率會提高？

 正是如此！請看下圖的「材料強度分布」與「應力分布」，這兩個因素重疊的面積，與故障概率對應。由此可知，雖然全部產品有平均強度，但若材料強度的差別很大，產品發生故障的概率會提高。

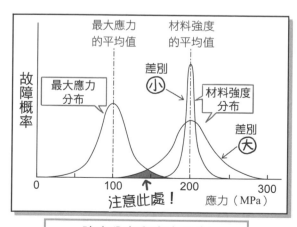

強度分布與應力分布

CHECK！

若「材料強度分布」的差別小，與「最大應力的分布」只有一小部分重疊。

若「材料強度分布」的差別大，與「最大應力的分布」有大範圍的重疊。

如此一來，發生故障的概率會增加。

不管是「品質好的汽車」或「品質差的汽車」，若產品強度有差別，「駕駛習慣差的人」碰上「品質差的汽車」，**故障概率即會增加**。這種組合是不安全因素的集大成，是最壞的組合，很容易引發故障。

因此合理的設計與製造，必需將故障概率降到最低，產品的差別越小越好。

我完全明白了！為了維護安全，真的有非常多因素要考慮。

對啊。安全係數是提醒我們「**物品預留多少安全範圍**」的標準，並不是說安全係數高，結構體絕對不會損壞，凡事沒有「絕對」唷，而我們為了提升結構體的安全性，製造不易損壞的物品，創造了材料力學。

這是最後一堂課最好的總結。

➡ 防範未然

結構體的設計者會考量許多可能發生的情況。很多故障或事故都是人為因素所致，用新技術來製作結構體，會出現技術人員也不懂的原因，引發料想不到的意外。事故往往伴隨著悲劇。但是，我們唯有通過這些事故與失敗，來吸取教訓，運用經驗，才能促進技術的發展。

舉例來說，設計飛機的理念是「**損傷容許設計**」，這理念集合過往重大事故的教訓。飛機必須定期接受嚴格的檢修。**即使飛機可能有未被發現的大缺陷，至少能夠承受設計者所預測的荷重值**，這就是損傷容許設計的核心概念。此設計理念透過設計與檢修的結合，**防範飛機事故**。

此外，無論飛機因為什麼可預期的情況（如：雷擊等）而受損，或在海面上空發生引擎熄火事件，都必須安全返抵機場……人們制定了各種維護安全的必要條件。

唯有滿足這些條件，飛機才被獲准飛行，而這些條件的制定都建立在充分了解材料與結構的基礎之上。

當然，產品開發必須滿足這些必要條件。但身為一名真正的技術人員，不只要達成這些條件，還得讓自己的設計，顧到這些條件的根本——**安全要求的真諦**。希望你們學習材料力學，也能思考「安全要求的真諦」。

我想要獨處，思考一下……

什麼樣的書架適合這間房間。

啊！結束！結束了！

辛苦啦！你們都很努力！

…………

咦？妳不回家嗎？

喔……

我知道了，別待太晚。

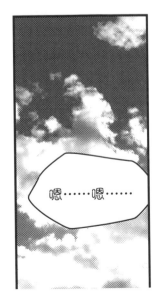

嗯……嗯……

今天天氣真好！是一個做木工的好日子。

又累又睏……為什麼我會這麼慘？

你要練體力啦！

我才不要！我是徹頭徹尾的文科人，雖然我通過這次的課程，開始對理工科的知識感興趣……

但是我絕對不會變成陽光男孩！

我堅持不拿比書本重的東西！

你怎麼可以講得這麼理直氣壯……

好！最後的加工交給我吧～

請你們在社團教室裡面等！

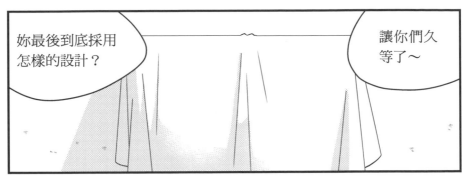

讓你們久等了～

妳最後到底採用怎樣的設計？

請看！

突然

掀開

這是 NONO 推出的「共享書架」！

哇，中規中矩耶！

NONO！妳好厲害！

以材料力學的角度來看，這是個很有趣的設計。

此書架的結構體，斜向插入隔板，可以防止變成平行四邊形，這應該是個很堅固的結構體……

各部位的書架板材不同呢……

嘿嘿嘿！

鏘鏘！請看NONO繪製的草圖！

與家人！與情人！共享書架

這個書架的設計理念是「共享」概念，可以將左右側分開使用。

我從共用教室的經驗獲得靈感！

NONO

這個書架還有另一種意涵。

209

……？

我知道了。

這個書架是 N 字形，代表 NONO 的 N？

原來如此，真有 NONO 的風格，好可愛。

事情沒這麼簡單。

這個 N 是代表 NONO 的 N，

西本（Nishimoto）的 N，

還有……

尾瀨夏美

夏美（Natsumi）會長的 N！

辭職信

啊……

Nono
Nishimoto
Natsumi

我看到辭職信，得知尾瀨會長的名字。

當然，雖然我們一開始是因為尾瀨會長的謊言，才會共用社團教室。

但是，這證明我們很有緣，還製作了這款書架……

是啊，這是一個很棒的書架。

對 NONO 來說，這個書架做得真好。

好！
我們來擺書吧！

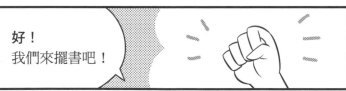

先放紅色
封面的書
⋯⋯嘿咻！

妳等一下！

妳是笨蛋嗎？用顏色分類？

對啊，NONO，按照作者名字排序才合理！

啊？妳竟然用那麼死板的分類！

阿？

我要跟隨自己的心來排書！

妳們要聆聽書籍傳達的靈魂之歌啊！

哈哈，你們真幽默！

擺書當然要重視顏色和設計！

怒火燃燒

唉 呀

附　錄

◆希臘字母與讀音

大寫	小寫	讀音
A	α	alpha
B	β	beta
Γ	γ	gamma
Δ	δ	delta
E	ε	epsilon
Z	ζ	zeta
H	η	eta
Θ	θ	theta
I	ι	iota
K	κ	kappa
Λ	λ	lambda
M	μ	mu
N	ν	nu
Ξ	ξ	xi
O	o	omicron
Π	π	pi
P	ρ	rho
Σ	σ	sigma
T	τ	tau
Y	υ	upsilon
ϕ	$\phi\ (\varphi)$	phi
χ	χ	chi
Ψ	ψ	psi
Ω	ω	omega

◆國際單位制（SI）

倍數	符號	讀法
10^{12}	T	tera
10^{9}	G	giga
10^{6}	M	mega
10^{3}	k	kilo
10^{2}	h	hecto
10	da	deka
10^{-1}	d	Deci
10^{-2}	c	Centi
10^{-3}	m	milli
10^{-6}	μ	micro
10^{-9}	n	nano
10^{-12}	p	pico

舉例，

$k = 10^{3} = 1000$

$m = 10^{-3} = 1/1000 = 0.001$

◆各種截面的截面慣性矩和截面係數

I_y, I_z 分別表示 y 軸與 z 軸的慣性截面矩 I。我們可以用 $I_p = I_y + I_z$ 的公式，來求截面極慣性矩 I_p。

截面	截面慣性矩	截面係數
	$I_y = \int_{-b/2}^{b/2}\int_{-h/2}^{h/2} z^2 dy dz = \dfrac{b^3 h}{12}$ $I_z = \int_{-b/2}^{b/2}\int_{-h/2}^{h/2} y^2 dy dz = \dfrac{bh^3}{12}$	$Z_y = \dfrac{I_y}{b/2} = \dfrac{b^2 h}{6}$ $Z_z = \dfrac{I_z}{h/2} = \dfrac{bh^2}{6}$
	$I_y = I_z = 4R^4 \int_0^{\pi/2} \sin^2\theta \cos^2\theta \, d\theta$ $= \dfrac{\pi}{4} R^4 = \dfrac{\pi}{64} D^4$	$Z_y = Z_z = \dfrac{I_y}{R/2} = \dfrac{\pi}{32} D^3$
	$I_y = \int_{-h/3}^{2h/3}\left(\dfrac{2}{3} - \dfrac{z}{h}\right) az^2 dz = \dfrac{1}{36} ah^3$ $I_z = 2\int_0^{a/2}\left(1 - \dfrac{2y}{a}\right) hy^2 dy = \dfrac{1}{48} a^3 h$	$Z_y = \dfrac{I_y}{2h/3} = \dfrac{1}{24} ah^2$ $Z_z = \dfrac{I_z}{a/2} = \dfrac{1}{12} ah^2$
	$I_y = \dfrac{1}{36} \dfrac{a^2 + 4ab + b^2}{a+b} h^3$ $I_z = \dfrac{1}{48} h\left(a^3 + a^2 b + ab^2 + b^3\right)$	$Z_y = \dfrac{I_y}{h_1} = \dfrac{1}{12} \dfrac{a^2 + 4ab + b^2}{a+2b} h^2$ $Z_z = \dfrac{I_z}{b/2} = \dfrac{1}{24}\dfrac{h}{b}\left(a^3 + a^2 b + ab^2 + b^3\right)$
	$I_y = \dfrac{1}{48} ab^3$	$Z_y = \dfrac{I_y}{b/2} = \dfrac{1}{24} ab^2$
	$I_y = \dfrac{\pi}{4} ab^3$	$Z_y = \dfrac{I_y}{b/2} = \dfrac{\pi}{2} ab^2$
	$I_y = \dfrac{BH^3}{12} - \dfrac{bh^3}{12}$	$Z_y = \dfrac{I_y}{H/2} = \dfrac{BH^3 - bh^3}{6H}$
	$I_y = 2A_f l_f^2 + \dfrac{bt_f^3}{6} + \dfrac{t_w h^3}{12}$ $I_z = \dfrac{b^3 t_f}{6} + \dfrac{t_w^3 h}{12}$	$Z_y = \dfrac{I_y}{(h/2 + t_f)} = \dfrac{2bt_f^3 + t_w h^3 + 24 A_f l_f^2}{6(h + 2t_f)}$ $Z_y = \dfrac{I_z}{b/2} I_z = \dfrac{2b^3 t_f + t_w^3 h}{6b}$

◆詳細的計算過程（超靜定梁）

這是 P.189「有三個支撐腳的長椅問題（超靜定梁）」的詳細計算過程。

我在此向各位介紹超靜定梁問題的解法。這邊的計算非常複雜，請一步一步學習材料力學，就可以迎刃而解！

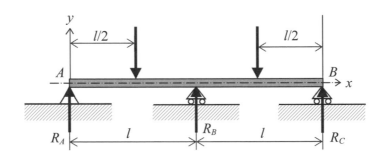

這是左右對稱問題，只需考慮結構體的一半。假設各支點的反力為 $R_A = R_C$，R_B，根據力平衡方程式可以求得：

$$2R_A + R_B = 2P$$

左右對稱會自動滿足力矩平衡方程式的必要條件。利用此關係，來求 AB 之間的彎曲力矩，可求得：

$$M = \begin{cases} -R_A x & 0 < x < l/2 \\ -R_A x + P\left(x - l/2\right) & l/2 < x < l \end{cases}$$

雖然本書沒有說明，但是利用「梁 y 方向的變形 v 與曲率 κ 的關係（$\kappa = d^2v/dx^2$）」與「彎曲力矩與曲率的關係（$M = EI\kappa$）」，即可得出：

$$-EI\frac{d^2v}{dx^2} = \begin{cases} -R_A x & 0 < x < l/2 \\ -R_A x + P\left(x - l/2\right) & l/2 < x < l \end{cases}$$

為了求 v 值，我們需計算積分。

$$-EI\frac{dv}{dx} = \begin{cases} -\dfrac{1}{2}R_Ax^2 + C_1 & 0 < x < l/2 \\ -\dfrac{1}{2}R_Ax^2 + \dfrac{1}{2}P\left(x - \dfrac{l}{2}\right)^2 + C_1 & l/2 < x < l \end{cases}$$

$$-EIv = \begin{cases} -\dfrac{1}{6}R_Ax^3 + C_1x + C_2 & 0 < x < l/2 \\ -\dfrac{1}{6}R_Ax^3 + \dfrac{1}{6}P\left(x - \dfrac{l}{2}\right)^3 + C_1x + C_2 & l/2 < x < l \end{cases}$$

接下來，請思考各支點的變位條件，根據若 $x=0$，則 $v=0$（A點不變位），得出 $C_2=0$；若 $x=l$，則 $v=dv/dx=0$（B點不變位、不傾斜），因此可求得：

$$-\frac{1}{2}R_Al^2 + \frac{1}{8}Pl^2 + C_1 = 0$$

$$-\frac{1}{6}R_Al^3 + \frac{1}{48}Pl^3 + C_1l = 0$$

解開此聯立方程式，可求得：

$$R_A = \frac{5}{16}P \quad , \quad R_B = 2P - 2R_A = \frac{22}{16}P \quad , \quad \left(C_1 = -\frac{1}{32}Pl^2\right)$$

索　引

〈作者簡歷〉

末益博志

東京大學研究所工學系院研究科博士課程修畢。現為上智大學名譽教授，工學博士。參與宇宙航空研究開發機構航空技術部構造‧複合材料技術研究單位。主要日文著作有《工業力學》《機械力學》（以上皆為實教出版）；《複合材料力學入門》、《最新材料力學》、《先進複合材料工學》（以上皆為培風館出版）。

長嶋利夫

東京大學研究所工學系研究科碩士課程修畢。現為上智大學理工學部教授、工學博士。主要日文著作有《meshfree method 無網格法》（丸善出版）《HPC 程序設計》（歐姆社出版）。

➡ Office sawa

成立於 2006 年。製作大量醫療、電腦、教育系列的實用書籍與廣告。擅長使用插圖與漫畫來製作手冊、參考書、文宣等。

e-mail：office-sawa@sn.main.jp

➡ 腳本設計：澤田佐和子
➡ 漫畫繪製：円茂竹繩
➡ D　T　P：Office sawa

Note

國家圖書館出版品預行編目（CIP）資料

世界第一簡單材料力學/末益博志, 長嶋利夫作；
　謝承漢譯. -- 二版. -- 新北市：世茂出版有限
公司, 2022.12
　　面；　公分. --（科學視界；273）
　譯自：マンガでわかる材料力學
　ISBN 978-626-7172-07-0（平裝）

1. CST：材料力學　2. CST：漫畫

440.21　　　　　　　　　　　111015879

科學視界 273

【暢銷改訂版】世界第一簡單材料力學

作　　　者／末益博志、長嶋利夫
審 訂 者／林輝政
譯　　　者／謝承漢
主　　　編／楊鈺儀
責任編輯／石文穎
出 版 者／世茂出版有限公司
地　　　址／（231）新北市新店區民生路 19 號 5 樓
電　　　話／（02）2218-3277
傳　　　真／（02）2218-3239（訂書專線）
劃撥帳號／19911841
戶　　　名／世茂出版有限公司　單次郵購總金額未滿 500 元（含），請加 80 元掛號費
世茂官網／www.coolbooks.com.tw
排版製版／辰皓國際出版製作有限公司
印　　　刷／世和彩色印刷股份有限公司
二版一刷／2022 年 12 月

I S B N／978-626-7172-07-0
定　　　價／380 元

Original Japanese Language edition
MANGA DE WAKARU ZAIRYOURIKIGAKU
by Hiroshi Suemasu, Toshio Nagashima, Enmo-takenawa, Office sawa
Copyright©HiroshiSuemasu,Toshio Nagashima, Enmo-takenawa, Office sawa 2012
Pubished by Ohmsha, Ltd.
Traditional Chinese translation rights by arrangement with Ohmsha, Ltd.
through Japan UNI Agency, Inc., Tokyo

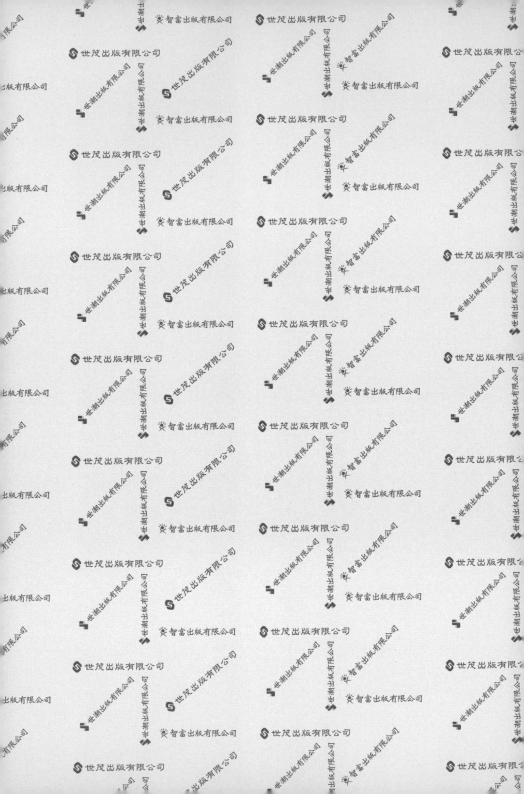